河南省黄河流域

生态保护和高质量发展
地理国情报告

邱士可 翟娅娟 杜军 李双权 等 著

中国农业科学技术出版社

图书在版编目（CIP）数据

河南省黄河流域生态保护和高质量发展地理国情报告 / 邱士可等著. —北京：中国农业科学技术出版社，2021.2

ISBN 978-7-5116-5194-5

Ⅰ.①河… Ⅱ.①邱… Ⅲ.①黄河流域—生态环境保护—地理—监测—研究报告—河南 Ⅳ.①X321.261

中国版本图书馆 CIP 数据核字（2021）第 028088 号

本书地图经河南省自然资源厅审核
审图号：豫S〔2021年〕011号

责任编辑 李 华 崔改泵
责任校对 贾海霞
责任印制 姜义伟 王思文

出 版 者	中国农业科学技术出版社
	北京市中关村南大街12号　　邮编：100081
电 话	（010）82109708（编辑室）（010）82109702（发行部）
	（010）82109709（读者服务部）
传 真	（010）82106650
网 址	http://www.castp.cn
经 销 者	各地新华书店
印 刷 者	北京建宏印刷有限公司
开 本	787mm×1 092mm 1/16
印 张	14
字 数	295千字
版 次	2021年2月第1版　2021年2月第1次印刷
定 价	98.00元

《河南省黄河流域生态保护和高质量发展地理国情报告》

编委会

编写人员

主　　著：邱士可　　翟娅娟　　杜　军　　李双权

副 主 著：马玉凤　　程勉志　　王　正　　胡婵娟　　郭　雷

著　　者：王　超　　刘　鹏　　万斯斯　　任　杰　　孙婷婷

　　　　　刘晓丽　　李世杰　　宋立生　　腾　飞　　张德崇

　　　　　王景旭　　李洪芬　　贾　晶　　王玉钟　　刘　敏

　　　　　杨　进　　王莉敏　　孟　洁　　禄二峰　　李　旭

　　　　　窦小楠　　杨青华　　高　峥　　王石岩　　宋碧波

　　　　　段晓玲　　康　艳　　邱晗耕　　王　璠　　骆　丽

　　　　　段清友　　冯福领　　吴建军　　杨　旭　　金子鑫

　　　　　王　墩　　王　绪　　刘　伟　　张　淼　　邱蕴琛

　　　　　张钦程　　邱春萍

前　言

　　黄河是中华民族的母亲河，保护黄河是事关中华民族伟大复兴的千秋大计。2019年9月18日，习近平总书记视察河南省，在郑州市召开黄河流域生态保护和高质量发展座谈会并发表重要讲话，黄河流域生态保护和高质量发展上升为重大国家战略。河南省是千年治黄的主战场、沿黄经济的聚集区、黄河文化的孕育地和黄河流域生态屏障的支撑带，在黄河流域生态保护和高质量发展中地位特殊、使命光荣、责任重大。

　　地理国情普查及监测遵循"自然优先、现状优先"的原则，利用优于1米分辨率的遥感数据，结合多行业专题数据，获取了由10个一级类、58个二级类和135个三级类近800万个图斑构成的地理国情大数据，全面获取山、水、林、田、湖、草等地表自然资源和人文要素的类别、位置、范围、面积等，精确客观表达河南省沿黄区域地理国情。为系统、全面、客观、准确地掌握区域内地表自然和人文地理要素空间分布状况，提供了全覆盖、无缝隙、高精度、长时序的本底数据支撑。

　　本报告围绕黄河流域生态保护和高质量发展国家重大发展战略，紧密结合河南省委、省政府决策和管理需要，利用2015—2019年系列地理国情普查及监测数据，融合区域经济社会数据，多层次、多维度分析提炼出综合反映河南省沿黄区域生态环境质量、国土空间开发、滩区迁建及开发利用、自然保护区生态状况等方面的规律性特征，形成了河南省沿黄区域地理国情报告、专题报告等智库成果及地理国情信息产品，为黄河流域生态保护和高质量发展提供信息和决策支持。

著　者

2020年9月

目　录

1　概况

1.1　黄河流域河南段在全国黄河流域的区位和作用

黄河源远流长，因河水浑浊色黄而得名。它是我国的第二大河，也是世界闻名的万里巨川。黄河流域是中华民族的摇篮，在历史的长河中曾是我国政治、文化和经济中心，在我国现代发展全局中，占有重要战略地位。

黄河发源于青海省巴彦喀拉山北麓海拔4 500米的约古宗列盆地，流经青海、四川、甘肃、宁夏、内蒙古、山西、陕西、河南、山东9省（区），于山东垦利奔腾入海，全长5 464千米（图1-1），流域面积为752 443平方千米。

黄河自陕西省潼关县进入河南省，西起灵宝市，东至台前县，进入山东省东平县，流经三门峡、洛阳、济源、焦作、郑州、新乡、开封、濮阳8个省辖（管）市，包括灵宝市、陕州区、湖滨区、渑池县；新安县、孟津县、吉利区；济源市；孟州市、温县、武陟县；巩义市、荥阳市、惠济区、金水区、中牟县；原阳县、封丘县、长垣市；龙亭区、顺河区、祥符区、兰考县；濮阳县、范县；台前县共26个县（市、区），境内长度达711千米，省内流域面积为3.62万平方千米。桃花峪（郑州市荥阳市广武镇境内）是黄河中下游的分界点。

1.1.1　自然环境

1.1.1.1　气候特征

黄河位于我国中纬度地带，所处纬度在30° N～40° N。黄河中上游位于我国西北半干旱区，属大陆性季风气候，黄河下游地处温暖半湿润的季风气候区。

黄河流域河南段处于我国的中纬度地带，所处纬度在34° 35′N～36° 7′N，位于东亚大陆性季风气候区腹地。受太阳辐射、东亚季风环流、地理条件等因素的综合影响，季风气候显著，具有冬季寒冷雨雪少、春季干旱风沙多、夏季炎热降水多、秋季晴朗日照长的特点。

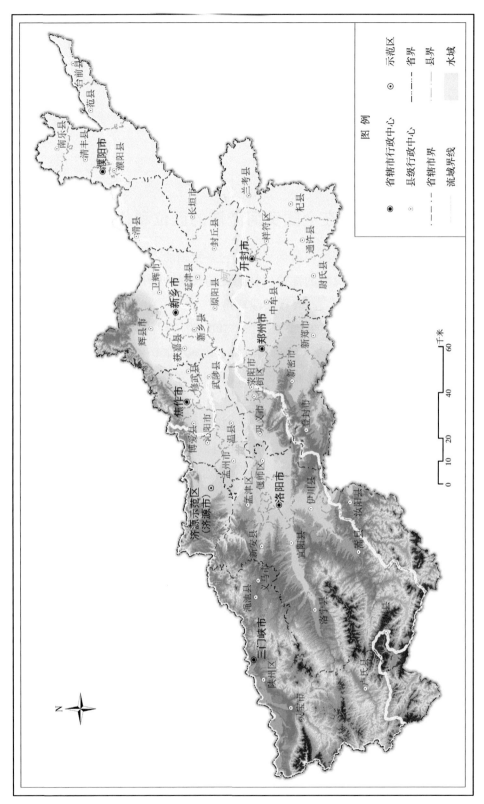

图1-1 河南省沿黄区位

从气候状况来看，河南省地跨我国暖温带及北亚热带边缘。亚热带气候与暖温带气候的分界大体位于河南省南部的平舆—驻马店—桐柏—唐河—南召—西峡一带，此线以南的河南省南部，位于北亚热带边缘，此线以北的河南广大地区，地处暖温带。黄河流域河南段位于此线以北，地处暖温带。

从干湿程度看，河南省自南向北地跨我国湿润区、半湿润区和半干旱区。河南的新蔡—驻马店—舞阳—唐河—邓州—淅川—西峡—南召—栾川—卢氏一线以南地区，位于我国湿润区；内黄—淇县—辉县—原阳—荥阳—偃师—洛阳—渑池—三门峡—灵宝一线以北地区，地处我国半干旱区边缘地带；在半干旱地区以南、湿润区以北属半湿润区。黄河流域河南段地处半湿润区和半干旱区的过渡地带。

此外，黄河流域河南段降水年分布不均和降水年际变化较大，气候的波动性是水灾的主要原因，易出现汛期降水多而非汛期降水少、少数年份降水多而多数年份降水少、降水历时大小相差悬殊等情况，因而形成了间歇性河流，即平时水小、汛期水大，影响河流的造床运动和发育，形成了"地上河"。由于气候变化波动过大，汛期不能满足大变幅降水的排水，易形成水灾。

1.1.1.2　水系特点

黄河在河南省境内的主要支流有伊河、洛河、沁河、弘农涧、漭河、金堤河、天然文岩渠等。伊河、洛河、沁河是黄河三门峡以下洪水的主要发源地。其中洛河发源于陕西省蓝田县境，流经河南省的卢氏县、洛宁县、宜阳县、渑池县、义马市、新安县、孟津县、洛阳市、偃师县，于巩义市神北村汇入黄河，主要支流伊河发源于栾川县张家村，流经嵩县、伊川、洛阳，于偃师县杨村汇入洛河，伊河、洛河夹河滩地低洼，易发洪涝灾害。沁河水系发源于山西省平遥县黑城村，由济源市辛庄乡火滩村进入河南省境，经沁阳、博爱、温县至武陟县方陵汇入黄河。沁河在济源五龙口以下进入冲积平原，河床淤积，高出堤外地面2～4米，形成悬河。弘农涧和漭河是直接入黄河的山丘性河流，经孟州、温县在武陟城南汇入黄河。金堤河、天然文岩渠均属平原坡水河道，金堤河发源于新乡县荆张村，流经濮阳、范县，到台前县东张庄汇入黄河；天然文岩渠在长垣县大车集汇合，于濮阳县渠村入黄河。由于黄河淤积，河床逐年抬高，仅在黄河小水时，天然文岩渠及金堤河的径流才有可能自流汇入，黄河洪水时常造成对两支流顶托，排涝困难。

1.1.2　地形地貌

黄河流域自然地理条件复杂，区域分异明显。黄河流域从西到东跨越我国地貌三大阶梯，发源于第一级阶梯青藏高原东北部，流经第二级阶梯内蒙古高原、黄土高原，在河南省境内从第二级阶梯向第三级阶梯华北平原过渡。黄河流域河南段是黄河流经区域地形地貌特征最为特殊的区域。河南省沿黄区域地势大致西高东低，北坦南凹，东西差异明显，从西到东依次由中山到低山，再从丘陵过渡到平原。

黄河河南段恰好横跨我国二、三两个阶梯，处于我国山地丘陵到平原的地貌过渡带上。黄河自陕西省潼关进入河南省，向东穿行于中条山与崤山、熊耳山之间的晋豫峡谷，为黄河干流上的最后一段峡谷，河道发育于山西地台背斜上。潼关至三门峡段，河谷宽几千米至十几千米，谷底为第四纪沉积物覆盖，两岸为黄土台塬。1960年，三门峡水库建成后，该河段包括小北干流一部分和渭河下游都成为水库库区。三门峡至孟津流经三门峡和八里胡同峡谷，谷底宽200～800米，断层褶皱较发育。小浪底水库大坝就修建在这段峡谷的下端，水库控制了黄河流域面积的92.3%。小浪底以下至郑州桃花峪，河道进入了低山丘陵区，河道逐渐放宽，南岸为高亢延绵的邙山，北岸为低矮断续的清风岭，是黄河由山区进入平原的过渡地段。河南郑州桃花峪以下的黄河河段为黄河下游，河道进入了下游的冲积大平原。由于黄河泥沙量大，下游河段几乎都是地上悬河或半地上悬河，黄河约束在大堤内成为海河流域与淮河流域的分水岭，除在孟津至郑州桃花峪间纳入伊洛河、沁河、大汶河等支流外，无较大支流汇入。下游泥沙淤积，河床都高于流域内的城市、农田，全靠大堤约束，河床的淤积导致水位高于两岸地面，易成涝灾。

从地质构造上说，黄河下游位于华北新生代的大型坳陷内，黄河带来的大量泥沙在地质时期塑造了华北大平原，多期的黄河冲积扇叠加其上，建造了广阔的冲积扇平原。在这个大平原之上，叠置着黄河的冲积扇。在冲积扇顶部和中部范围内，形成了强烈游荡的河道。黄河下游河床的两侧均有大堤，河床高出堤背地面一般为5～8米，最大可达12米，成为闻名于世的地上河。山东省东明县高村以上河段为游荡型河段，高村至山东省阳谷县陶城铺是从游荡到弯曲的过渡型河段。

高村以上的游荡型河段，河床宽浅，平滩流量时的宽深比（这里指河道水面宽的平方根与平均水深之比，水面宽和水深均以米计）一般为20～40。水流散乱分汊，心滩星罗棋布，分汊系数变化于1.0～2.5。由于主槽摆动强烈，汊道和心滩都变迁不定，河道的总体平面形态比较顺直，弯曲系数为1.15。京广铁路以东，堤距宽达10～14千米，最窄处则为5千米左右。受天然节点和人工建筑的控制，河床宽窄相间，呈藕节状，平滩河宽多年平均变化幅度为1 700～8 700米，河道在大堤之间摆动无常，河槽极不稳定。

高村至陶城铺河段为由游荡向弯曲发展的过渡型河段。河床与高村以上相比明显变窄，堤距为1.0～8.3千米，平滩河宽为700～1 700米。除偶见心滩之外，水流归于一槽，成为单一河段。河床较为窄深，宽深比为8～12；平面形态较为弯曲，弯曲系数为1.33，河床稳定性大大增强。

1.1.3 上下游承接关系

黄河由河源至河口的总落差为4 400米，按照地貌，黄河流域大体分为河源、上游、中游、下游4个区域。黄河源出玛曲上源的约古宗列盆地至玛多为河源区。全长270千米，集水面积20 930平方千米，落差2 330米，比降8.6‰。黄河自玛多起至内蒙古自治区托克托县的河口镇为上游，长3 191.3千米，比降1‰，落差3 230米。自河口镇至河南省桃花峪为黄河中游，全长1 234.6千米，落差895.9米，比降7.3‰，流域面积362 138平方千米。黄河自河南省桃花峪到山东省利津以下属下游段，长767.7千米，落差为89.1米，比降1.16‰。垦利区宁海以下为河口三角洲。

河南省境内的黄河处于中游的下段和下游的上段，是河流从山区到平原，从中游到下游的过渡段。以荥阳桃花峪为界，以上流域面积为2.7万平方千米，占全河流域面积的75%，中游的峡谷段为深切曲流；桃花峪以下流域面积为0.9万平方千米，占全河流域面积的25%，下游河床展宽，由于泥沙的大量淤积，成为地上悬河，水流在河床形成许多汊道，洲滩星罗棋布，串沟纵横交错。

1.2 河南省黄河流域与沿黄区域的关系

1.2.1 黄河流域河南段与河南省沿黄区域的关系

1.2.1.1 黄河流域河南段

黄河流域河南段是指河南省行政区域内由分水线所包围的黄河集水区。黄河流经河南省三门峡、洛阳、济源、焦作、郑州、新乡、开封、濮阳8个省辖（管）市，包括灵宝市、陕州区、湖滨区、渑池县；新安县、孟津县、吉利区；济源市；孟州市、温县、武陟县；巩义市、荥阳市、惠济区、金水区、中牟县；原阳县、封丘县、长垣市；龙亭区、顺河区、祥符区、兰考县；濮阳县、范县；台前县共26个县（市、区），河南境内黄河流域面积达到3.62万平方千米，占全省土地面积的21.75%。

流域层面多以水利地理层面应用较多，应用较广的主要有流域规划，包括以江河本身的治理开发为主，如较大河流的综合利用规划，多数偏重于干、支流梯级和水库群的布置以及防洪、发电、灌溉、航运等枢纽建筑物的配置；以流域的水利开发为目标，如较小河流的规划或地区水利规划，主要包括各种水资源的利用，水土资源的平衡以及农林和水土保持等规划措施。

1.2.1.2 河南省沿黄区域

河南省沿黄区域主要是指黄河干流流经的所有省辖市以及滑县，包括三门峡、洛阳、济源、焦作、郑州、新乡、开封、濮阳8个省辖（管）市的所有县（市、区）以及滑县，共72个县（市、区），面积5.78万平方千米，占全省总面积的34.6%。即河南省沿黄区域包括河南省黄河流域所涉及范围。作为省域层面黄河流域生态保护与高质量发展战略实施的目的应该是在于通过黄河"轴"对附近区域的经济吸引力和凝聚力形成产业聚集带，与长江经济带一样成为支撑省域乃至全国经济的支撑带，借鉴长江经济带9省2市范围，河南省沿黄区域以地级市为单元，包括了三门峡、洛阳、济源、焦作、郑州、新乡、开封、濮阳8个省辖（管）市的全部范围以及邻近的滑县。

1.2.2 河南省沿黄区域在河南发展中的重要性

1.2.2.1 政策资源汇聚，多项国家战略规划平台叠加

近年来，随着郑州航空港经济综合实验区、中国（河南）自由贸易试验区、郑洛新国家自主创新示范区、中原城市群、国家跨境电商综合试验区、国家大数据综合试验区、国家粮食生产核心区、郑州大都市区、郑州国家中心城市等一系列国家战略规划和战略平台叠加，政策红利效应凸显，"马太效应"不断显现，为区域发展带来了更多的优惠政策和经济社会资源，河南省沿黄区域迎来了全面发展的黄金时期。

1.2.2.2 区位优势明显，公路、铁路、航空综合交通发达

河南省是我国发展的腹地，沿黄区域更是全省经济社会发展的核心区域。区位优势突出，沿黄区域是我国经济地理的中心，是我国东部产业转移、西部资源输出、南北经贸交流的桥梁和纽带，处于丝绸之路经济带西向、南向和连接海上丝绸之路的交汇点。综合交通发达，沿黄区域是全国高速铁路网和京广陇海等重要铁路干线的交汇处，是全国高速公路网络的重要枢纽，郑州新郑国际机场更是区域对外开放的"桥头堡"，空中丝绸之路初具规模，覆盖全球的航空货运网络加快形成。

1.2.2.3 发展程度较高，经济、产业、人口集聚效应明显

根据统计年鉴分析，2015—2018年，河南省沿黄区域地区生产总值占全省地区生产总值的比值从52.8%上升至53.6%，仅占全省面积34.6%的沿黄区域却聚集了全省一半以上的地区生产总值，经济、产业集聚效应十分明显；沿黄区域人均生产总值从51 774元增加至66 681元，高于全省平均水平约1/3，属于全省经济较发达地区；沿黄区域常住人口占全省常住人口的比例约为40%，年均增长0.1个百分点，人口在向沿黄

区域集聚；沿黄区域的城镇化率从53.7%上升至58.4%，年均增长1.5～1.6个百分点，区域城镇化率增速明显，同时沿黄区域城镇化率高于全省城镇化率约6.7个百分点，区域城镇化发展水平远高于全省平均水平（图1-2至图1-5）。

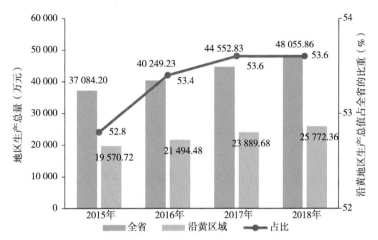

图1-2　2015—2018年河南省全省与沿黄区域生产总值对比

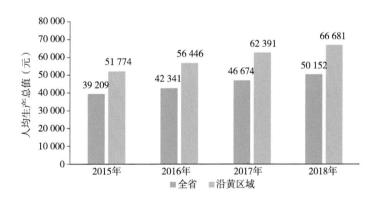

图1-3　2015—2018年河南省全省与沿黄区域人均生产总值对比

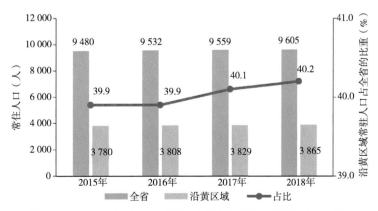

图1-4　2015—2018年河南省全省与沿黄区域常住人口对比

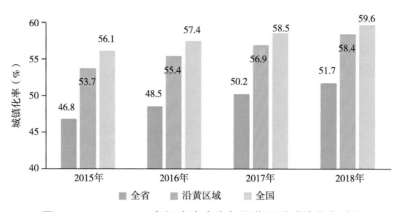

图1-5　2015—2018年河南省全省与沿黄区域城镇化率对比

1.2.2.4　文化资源丰富，是华夏文明的重要发祥地之一

一部河南史半部中国史，河南省沿黄区域聚集了黄帝文化、河洛文化、裴李岗文化、仰韶文化、龙山文化、二里头文化、二里岗文化、商都文化、嵩山文化、黄河文化等众多文化元素，是中华民族和中华文明的重要发祥地之一，是中国农耕文化的重要源头。深厚的农耕文化历经数千年的连续发展，奠定了华夏文明形成和发展的强大根基。洛阳、郑州、开封等众多城市都曾在中国古代史上大放异彩。黄河文化是中华文明的重要组成部分，是中华民族的根和魂，推动黄河流域生态保护和高质量发展，深入挖掘黄河文化蕴含的时代价值，是传承黄河文化的战略举措、弘扬中华文明的铸魂工程。

1.2.2.5　生态资源丰富，是河南省生态文明建设的重要载体

河南省沿黄区域生态资源丰富，区域涉及河南小秦岭国家级自然保护区、河南太行山猕猴国家级自然保护区、河南伏牛山国家级自然保护区、河南黄河湿地国家级自然保护区、河南新乡黄河湿地鸟类国家级自然保护区5个国家级自然保护区，河南郑州黄河湿地省级自然保护区、河南洛阳熊耳山省级自然保护区、开封柳园口省级湿地自然保护区、濮阳黄河湿地省级自然保护区4个省级自然保护区。区域湿地资源优越，河南黄河湿地面积20.39万公顷，占河南湿地面积的32.47%。物种资源丰富，沿黄区域生物资源丰富，珍稀物种繁多。有水生植物、陆生植物和浮游植物等743种，高等植物93科302属619种。有各种动物867种，其中国家重点保护动物43种。有国家重点保护鸟类41种，其中国家一级重点保护鸟类10种，二级重点保护鸟类31种。注重保护湿地生态系统，提高生物多样性是河南省沿黄区域生态保护的重要任务。

1.3 数据来源与分析单元

1.3.1 数据来源

本报告以全省地理国情普查与监测数据库为主要数据源，同时根据需要融合社会经济等专题数据。

1.3.1.1 地表覆盖和参数反演数据

本报告中使用的2015年、2019年的地表覆盖分类数据，来源于2015年河南省地理国情普查数据以及2019年地理国情监测数据。地理国情普查地表覆盖数据包括种植土地、林草覆盖、房屋建筑（区）、道路、构筑物、人工堆掘地、荒漠与裸露地、水域等类型。地理国情要素数据是除按照地表覆盖要求分类外，以地理实体形式采集的道路、水域、构筑物及地理单元数据，如铁路、公路、城市道路，河流、湖泊、水库、水工设施、交通设施、行政区划、开发区、自然保护区等。

遥感反演参数包括植被指数、植被覆盖度、叶面积指数、净初级生产力（NPP），来源于2000—2019年时间序列的MODIS数据产品。

1.3.1.2 人口与社会经济统计数据

人口与社会经济统计数据，主要来源于2016年、2019年河南省统计年鉴及相关行业年鉴，主要收集的数据指标包括人口数量、GDP、产业结构等数据（表1-1）。

表1-1 综合统计分析所需数据

序号	数据类型	数据名称	数据时相	格式
1		地理国情监测数据	2015年、2019年	SHP
2		河南省行政区划	2015年	SHP
3	空间地理信息数据	数字高程模型（DEM）	2017年地理国情	TIFF
4		黄河大堤内基本农田数据		SHP
5		黄河大堤内生态红线数据		SHP
6	属性数据	河南省统计年鉴	2016年、2019年	文本

1.3.2 评价分析单元

本报告从地理空间视角，围绕省、市关注的问题，从地表生态格局特征、地表资源丰度、区域经济与城市发展等空间分布状况，分析区域之间的差异，在不同尺度上反映生态环境与经济发展，以及自然要素与人文要素的耦合关系。

统计分析是基于一定的统计单元展开的，为了对地理国情信息进行科学、有效的分析，必须根据目标、内容、地理条件等制定科学、合理的地理国情信息统计分析单元。本报告统计分析单元包括行政区划与管理单元、重要区域单元、自然地理单元、规则地理格网单元等（图1-6）。

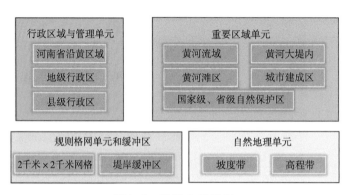

图1-6　统计分析单元

2 河南省沿黄区域地表覆盖类型、格局及变化

地表覆盖是指地球表面各种物质类型及其自然属性特征的综合体，其空间分布的类型、格局，反映了经济社会活动进程，决定着地表的水热和物质平衡。地表覆盖的变化直接影响生物地球化学循环，改变着陆地—大气的水分、能量和碳循环，能引起局地和大范围的气候变化。黄河流域是我国重要的生态屏障，是我国重要的经济带，也是我国打赢脱贫攻坚战、全面建成小康社会的重要区域。河南省地处黄河的中下游关键区域，科学准确地测定河南省沿黄区域地表覆盖的类型、空间分布格局与动态变化情况，对于黄河流域生态保护和高质量发展具有十分重要的意义。

本章以2015年河南省地理国情普查数据和2019年河南省地理国情监测数据为基础，结合专题统计数据，对河南省沿黄区域的地表覆盖的空间构成、动态变化进行了综合统计分析，可为河南省"黄河流域生态保护和高质量发展"提供重要参考信息，也可为制定和实施河南省沿黄区域发展战略与规划、优化河南省沿黄区域国土空间发展格局和资源配置，建设资源节约型和环境友好型社会提供重要支撑。

2.1 地表覆盖的构成及空间分布

地表覆盖分类信息反映地表自然营造和人工建造物的自然属性及状况，与侧重土地社会属性的土地利用不同。因此将地表覆盖的"山水林田湖草"分为种植土地、林草覆盖、房屋建筑、道路、构筑物、人工堆掘地、荒漠与裸露地和水域这几种类型来统计不同时期的面积变化。

种植土地是指经过开垦种植粮农作物及多年生木本和草本作物，并经常耕耘管理、作物覆盖度一般大于50%的土地，包括熟耕地、新开发整理荒地、以农为主的草田轮作地，各种集约化经营管理的乔灌木、热带作物以及果树、苗圃、花圃等土地。具体包括水田、旱地、果园、茶园、桑园、橡胶园、苗圃、花圃和其他经济苗木9个二级类。由图2-1和表2-1可知，2015年沿黄区域的种植土地面积为26 179.43平

方千米，占河南省沿黄区域土地总面积的44.2%；2019年沿黄区域种植土地总面积为25 405.36平方千米，占河南省沿黄区域土地总面积的42.89%。2015—2019年，河南省沿黄区域种植土地总面积占比从44.2%减少为42.89%，净减少了774.07平方千米。

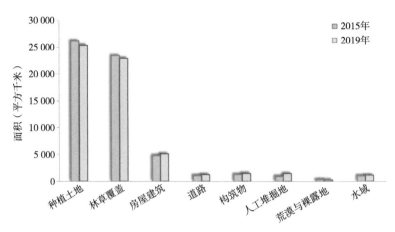

图2-1 2015年、2019年河南省沿黄区域地表覆盖类型的绝对面积对比

表2-1 2015年、2019年河南省沿黄区域地表覆盖类型面积和比例统计

分类	2015年		2019年		面积变化
	面积（平方千米）	占比（%）	面积（平方千米）	占比（%）	（平方千米）
种植土地	26 179.43	44.20	25 405.36	42.89	−774.07
林草覆盖	23 414.92	39.53	22 937.67	38.73	−477.25
房屋建筑	4 818.79	8.14	5 118.89	8.64	300.10
道路	1 099.43	1.86	1 272.13	2.15	172.70
构筑物	1 297.70	2.19	1 518.21	2.56	220.50
人工堆掘地	960.68	1.62	1 471.77	2.48	511.09
荒漠与裸露地	370.81	0.63	314.69	0.53	−56.12
水域	1 087.70	1.84	1 190.74	2.01	103.04

　　林草覆盖是指实地被树木和草地连片覆盖的地表，具体包括乔木林、灌木林、乔灌混合林、竹林、疏林、绿化林地、人工幼林、灌草丛、天然草地、低覆盖度天然草地。由图2-1和表2-1可知，2015年沿黄区域的林草覆盖面积为23 414.92平方千米，占河南省沿黄区域土地总面积的39.53%；2019年沿黄区域林草覆盖总面积为

22 937.67平方千米，占河南省沿黄区域土地总面积的38.73%。河南省沿黄区域林草覆盖总面积从2015—2019年减少了477.25平方千米。

房屋建筑一般指上有屋顶，周围有墙，能防风避雨，御寒保温，供人们在其中工作、生产、生活、学习、娱乐和储藏物资，并具有固定基础，层高一般在2.2米以上的永久性场所，根据某些地方的生活习惯，可供人们常年居住的窑洞、竹楼、蒙古包等也包括在内，具体到河南的沿黄区域，窑洞也包括在房屋建筑区域内。由图2-1和表2-1可知，2015年河南省沿黄区域的房屋建筑面积为4 818.79平方千米，占河南省沿黄区域土地总面积的8.14%；2019年沿黄区域房屋建筑总面积为5 118.89平方千米，占河南省沿黄区域土地总面积的8.64%。河南省沿黄区域房屋建筑总面积2015—2019年增加了300.1平方千米。

从地表覆盖角度来看，道路包括有轨和无轨的道路路面覆盖地表；从地理要素实体角度，包括铁路、公路、城市道路及乡村道路。从表2-1看，2015年沿黄区域的道路覆盖面积为1 099.43平方千米，占河南省沿黄区域土地总面积的1.86%；2019年，河南省沿黄区域道路覆盖总面积为1 272.13平方千米，占河南省沿黄区域土地总面积的2.15%。河南省沿黄区域道路总面积2015—2019年增加了172.7平方千米（图2-1）。

构筑物是指为某种使用目的而建造的、人们一般不直接在其内部进行生产和生活活动的工程实体或附属建筑设施，包括除房屋和道路外的所有存于地表、可见的人造物。从表2-1可知，2015年河南省沿黄区域构筑物的面积为1 297.7平方千米，占河南省沿黄区域国土总面积的2.19%；2019年其面积增长为1 518.21平方千米，占河南省沿黄区域土地总面积的2.56%。河南省沿黄区域构筑物总面积2015—2019年增加了200.5平方千米，面积占比由2.19%增加到2.56%。

人工堆掘地是指被人类活动形成的废弃物长期覆盖或经人工开掘、正在进行大规模土木工程而出露的地表，包括露天采掘场、堆放物和建筑工地等。由表2-1可以知，2015年河南省沿黄区域人工堆掘地的面积为960.68平方千米，占河南省沿黄区域国土总面积的1.62%；2019年其面积增长为1 471.77平方千米，占河南省沿黄区域土地总面积的比例增长为2.48%，河南省沿黄区域构筑物总面积从2015—2019年增加了511.09平方千米，面积占比增加了0.86%。

荒漠与裸露地是指植被覆盖度低于10%的各类自然裸露的地表，不包含人工堆掘、夯筑、碾（踩）压形成的裸露地或硬化地表。由表2-1可知，2015年荒漠与裸露土地面积为370.81平方千米，占河南省沿黄区域总面积的0.63%。到了2019年，河南省沿黄区域的荒漠与裸露土地减少为314.69平方千米，占河南省沿黄区域总面积的比例降为0.53%；2015—2019年，河南省沿黄区域的荒漠与裸露土地面积减少了56.12平方千米，面积占比减少了0.1%。

从地表覆盖的角度来看，水域是指被液态和固态水覆盖的地表；从地理要素实体角度来看，水域是指水体较长时期内消长和存在的空间范围。从表2-1可知，2015年河南省沿黄区域水域总面积为1 087.7平方千米，占河南省沿黄区域总面积的1.84%；2019年河南省沿黄区域水域面积增加为1 190.74平方千米，占比增加至2.01%，其面积由2015年到2019年净增加了103.04平方千米。

总体来看，河南省沿黄区域2015—2019年不同地表覆盖类型面积变化比较剧烈。由图2-2可以看出，种植土地、林草覆盖和荒漠与裸露地的绝对面积都存在不同程度的减少，其中种植土地和林草覆盖减少的程度最为剧烈。与之相对应的是，房屋建筑、道路、构筑物、人工堆掘地和水域都存在不同程度的增加，其中人工堆掘地和房屋建筑的增加比例最大。由表2-1和图2-2可知，河南省沿黄区域的各地表覆盖类型转化剧烈，种植土地与林草覆盖及后备的荒漠与裸露土地多转化为人工堆掘地、房屋建筑、构筑物、道路和水域，反映了河南省沿黄区域快速推进的城市化进程。

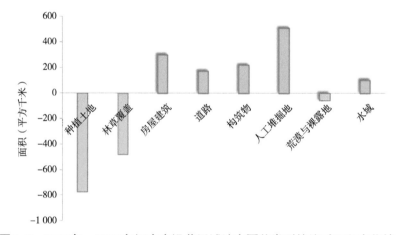

图2-2　2015年、2019年河南省沿黄区域地表覆盖类型的绝对面积变化情况

河南省沿黄区域主要包含郑州市、洛阳市、开封市、新乡市、焦作市、三门峡市、濮阳市、济源市和滑县。为更好地统计河南省沿黄区域2015—2019年地表覆盖类型的情况，分别统计8市1县地表覆盖类型面积增减情况。

由表2-2、表2-3和图2-3可知，2015—2019年，河南省沿黄区域种植土地面积变化比较剧烈，除三门峡市种植土地面积增加41.78平方千米外，其他地市和县种植土地面积都不同程度的减少，按种植土地面积减少的值从高到低排序依次为洛阳、郑州、开封、新乡、濮阳、焦作、济源和滑县的种植土地。河南省沿黄区域种植土地面积减少最多的洛阳市，面积从2015年的4 751.67平方千米减少为2019年的4 546.1平方千米，减少了205.57平方千米。其次为郑州市，种植土地面积由2 883.34平方千米减少为2 693.09平方千米，面积减少了190.25平方千米。然后为开封、新乡、濮阳，减少的面积在105.93～121.44平方千米，焦作、济源和滑县种植土地面积减少的值在13.49～57.2平方千米。

表2-2 2015年河南省沿黄区域地表覆盖类型面积统计（平方千米）

分类	郑州市	洛阳市	开封市	新乡市	焦作市	三门峡市	濮阳市	济源市	滑县
种植土地	2 883.34	4 751.67	4 330.55	5 122.34	2 075.11	2 359.34	2 831.85	476.06	1 349.17
林草覆盖	2 598.04	8 712.94	800.52	1 649.67	1 012.00	6 835.21	550.02	1 127.57	128.96
房屋建筑	881.52	768.15	697.66	884.05	509.55	250.17	523.77	95.20	208.72
道路	258.66	186.38	124.68	165.95	103.37	87.00	102.67	37.26	33.46
构筑物	298.24	209.13	123.42	201.82	138.54	118.85	118.98	43.08	45.65
人工堆掘地	394.77	205.56	48.30	65.14	70.15	107.58	32.98	27.96	8.25
荒漠与裸露地	59.91	139.29	4.79	51.12	16.65	71.84	5.81	21.40	0.00
水域	193.40	275.73	110.87	151.21	47.83	124.07	106.43	71.25	6.91

表2-3 2019年河南省沿黄区域地表覆盖类型面积统计（平方千米）

分类	郑州市	洛阳市	开封市	新乡市	焦作市	三门峡市	濮阳市	济源市	滑县
种植土地	2 693.09	4 546.10	4 209.11	5 010.42	2 017.91	2 401.12	2 725.93	467.00	1 334.68
林草覆盖	2 419.63	8 726.97	789.40	1 566.52	978.57	6 697.26	519.44	1 122.54	117.34
房屋建筑	919.94	801.95	756.11	944.44	540.63	266.67	563.03	101.31	224.83
道路	325.77	217.83	143.54	179.68	114.56	97.61	116.95	40.53	35.65
构筑物	323.14	253.52	164.37	242.85	156.01	129.19	156.70	42.31	50.12
人工堆掘地	626.92	279.48	57.10	137.87	99.90	158.94	72.11	29.47	9.97
荒漠与裸露地	44.03	120.57	3.08	46.90	12.93	65.78	2.78	18.62	0.00
水域	215.35	302.43	118.07	162.62	52.69	137.50	115.56	77.99	8.53

　　如表2-2、表2-3和图2-3所示，2015—2019年，河南省沿黄区域林草覆盖面积的变化比较剧烈，除了洛阳市的林草覆盖面积略微增加了14.03平方千米外，其他地市和县林草覆盖面积都不同程度的减少，按林草覆盖面积减少的值从高到低排序依次为

郑州市、三门峡市、新乡市、焦作市、濮阳市、开封市、滑县和济源市。其中，郑州市的林草覆盖面积由2015年的2 598.04平方千米减少为2019年的2 419.63平方千米，面积减少了178.41平方千米；三门峡市的林草覆盖面积从2015年的6 835.21平方千米减少为2019年的6 697.26平方千米，面积减少了137.95平方千米；新乡市的林草覆盖面积减少也比较多，从2015年的1 649.67平方千米减少为2019年的1 566.52平方千米，面积减少了83.15平方千米；焦作市和濮阳市林草覆盖面积分别减少了33.43平方千米和30.58平方千米；滑县、开封市和济源市林草覆盖面积分别减少了14.49平方千米、11.12平方千米和5.03平方千米。

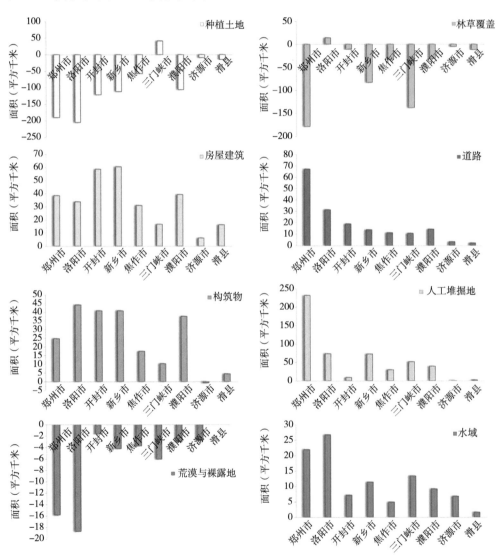

图2-3　河南省沿黄区域不同地表覆盖类型的面积变化情况

由图2-3可知，2015—2019年，河南省沿黄区域各县市房屋建筑不同程度的增加。按照河南省沿黄区域房屋建筑增加的面积由高到低排序依次为新乡市、开封市、濮阳市、郑州市、洛阳市、焦作市、三门峡市、滑县和济源市。其中，由表2-2和表2-3可知，2015—2019年，开封市和新乡市的增加面积分别为58.45平方千米和60.39平方千米，濮阳市、郑州市、洛阳市、焦作市的增加面积分别为39.26平方千米、38.42平方千米、33.8平方千米和31.08平方千米。

2015—2019年，河南省沿黄区域的道路面积的增加较快。由表2-2、表2-3和图2-3可知，郑州市的道路面积在这一时期增长最快，由2015年的258.66平方千米增为2019年的325.77平方千米。洛阳市的道路面积在这一时间段也显著增加了31.45平方千米。除了郑州和洛阳外，河南省沿黄区域其他市（县）的道路面积都处于持续的增加中，开封市道路面积增加了18.86平方千米、濮阳市增加了14.28平方千米、新乡市增加了13.73平方千米、焦作市增加了11.19平方千米、三门峡市增加了10.61平方千米，济源市增加了3.27平方千米、滑县增加了2.19平方千米。从2015—2019年，河南省沿黄区域道路面积按照增加面积由高到低排序依次为郑州市、洛阳市、开封市、濮阳市、新乡市、焦作市、三门峡市、济源市、滑县。

河南省沿黄区域的构筑物除济源市略微减少了0.77平方千米外，其他各省辖市和县均处于快速的增加中（表2-2、表2-3）。洛阳市的构筑物面积增加了44.39平方千米，新乡市和开封市的构筑物面积都增加了40平方千米以上，分别为41.03平方千米和40.95平方千米。濮阳市的构筑物增加面积为37.72平方千米，郑州市的构筑物面积增加24.9平方千米，焦作市和三门峡市的构筑物增加面积在10~20平方千米，分别为17.47平方千米和10.34平方千米。滑县的构筑物增加面积也比较大，增加值为4.47平方千米。2015—2019年，河南省沿黄区域构筑物面积按照增加面积由高到低排序依次为洛阳市、新乡市、开封市、濮阳市、郑州市、焦作市、三门峡市、滑县和济源市。

从表2-2、表2-3和图2-3可知，河南省沿黄区域的人工堆掘地的面积均处于快速增加中。其中，郑州市的人工堆掘地，由2015年的394.77平方千米增加为2019年的626.92平方千米；洛阳市和新乡市人工堆掘地面积分别增加了73.92平方千米和72.73平方千米；三门峡市增加了51.36平方千米；濮阳市、焦作市、开封市、滑县和济源市的人工堆掘地的增长面积分别为39.13平方千米、29.75平方千米、8.8平方千米、1.72平方千米和1.51平方千米。2015—2019年，河南省沿黄区域人工堆掘地增长的面积由高到低排序依次为郑州市、洛阳市、新乡市、三门峡市、濮阳市、焦作市、开封市、滑县、济源市。

由图2-3可知，河南省沿黄区域各县市的荒漠与裸露土地都处于不同程度的减少中。由表2-2和表2-3可知，2015——2019年，除了滑县的荒漠与裸露土地保持不变外，其他8个地市的荒漠与裸露土地都在减少，减少最多的地市为洛阳市和郑州市，分别减少了18.72平方千米和15.88平方千米，其他省辖市减少的面积都在1～6平方千米。2015—2019年，河南省沿黄区域荒漠与裸露地减少的面积由高到低排序依次为洛阳市、郑州市、三门峡市、新乡市、焦作市、濮阳市、济源市、开封市和滑县。

值得注意的是，在2015—2019年这一时期，河南省沿黄区域的水域面积都处于不同程度的增加中，增加最多的为洛阳市和郑州市，分别增加了26.7平方千米和21.95平方千米；三门峡市、新乡市和濮阳市增加的面积在10平方千米左右，增加的值分别为13.43平方千米、11.41平方千米和9.13平方千米；其他省辖市和县增长的面积在7.5平方千米以下，其中开封市水域面积增加7.2平方千米、济源市水域面积增加6.74平方千米、焦作市增加4.86平方千米、滑县增加1.62平方千米。在2015—2019年时间段内，河南省沿黄区域的水域增加面积从高到低排序，依次为洛阳市、郑州市、三门峡市、新乡市、濮阳市、开封市、济源市、焦作市、滑县。

总体来看，2015—2019年，河南省沿黄区域的种植土地、林草覆盖、荒漠与裸露土地的面积处于快速的减少中。与之相对应的是，该区域的房屋建筑、道路、构筑物、人工堆掘地和水体面积处于显著的增加中。这显示了该区域的地表覆盖处于快速的变化中，尤其是该区域的房屋建筑、道路、构筑物和人工堆掘地的快速增加与种植土地和林草覆盖的快速减少，反映了该区域处于快速的城市化进程中。

2.2 地表覆盖动态变化分析

前文分析河南省沿黄区域整体的地表覆盖类型发现。总体上，2019年河南省沿黄区域的种植土地、林草覆盖和荒漠与裸露地相较于2015年减少；与之相对应的是河南省沿黄区域房屋建筑、道路、人工堆掘地、水域在这一时期持续增加。为了更详细地研究不同区域的地表覆盖变化情况，对河南省沿黄区域各地表覆盖类型的变化情况进行了研究，统计2015—2019年河南省沿黄区域不同地表覆盖类型间的转化情况及动态变化度，以便于更好地了解分析该地区的地表覆盖类型变化情况。

2.2.1 地表覆盖转移矩阵

由图2-4可知，2019年河南省沿黄区域的水域面积主要由种植土地、林草覆盖、荒漠与裸露地转入，总转入面积大约220平方千米；2019年相较于2015年水域面积主要转出为种植土地、林草覆盖和荒漠裸露地，总共转出的面积约为120平方千米；

2019年相较于2015年，水域面积约净增加100平方千米。2019年的荒漠与裸露地覆盖主要由水域、林草覆盖和种植土地转入，主要转出为种植土地、水域，2019年的荒漠与裸露地相较于2015年总转入约62平方千米，总转出约118平方千米，净减少约56平方千米。人工堆掘地主要由种植土地、林草覆盖、房屋建筑和构筑物地表覆盖转入；人工堆掘地主要转出为林草覆盖、构筑物、房屋建筑、种植土地等；2019年的人工堆掘地相较于2015年转入约1 000平方千米，转出约500平方千米，人工堆掘地净增加约500平方千米。构筑物主要由种植土地、林草覆盖、人工堆掘地和房屋建筑转入，主要转出为种植土地、房屋建筑、人工堆掘地和林草覆盖。2019年的构筑物相较于2015年，转入面积约640平方千米，转出面积约420平方千米，净增加约220平方千米。道路覆盖主要由种植土地、人工堆掘地和林草覆盖转入，主要转出为人工堆掘地和林草覆盖；2019年的道路相较于2015年，转入面积约210平方千米，转出面积约40平方千米，净增加约170平方千米。房屋建筑主要由种植土地、林草覆盖、构筑物和人工堆掘地转入，主要转出为人工堆掘地、构筑物、林草覆盖和种植土地；2019年房屋建筑相较于2015年，转入面积约620平方千米，转出面积约320平方千米，净增加约300平方千米。林草覆盖主要由种植土地、人工堆掘地、构筑物转入，主要转出为种植土地、人工堆掘地、房屋建筑、构筑物和水域；2019年的林草覆盖相较于2015年，转入约1 390平方千米，转出约1 870平方千米，净减少约480平方千米。种植土地主要由林草覆盖、构筑物、人工堆掘地、水域、荒漠与裸露土地转入，主要转出为林草覆盖、人工堆掘地、构筑物、房屋建筑、水域等；2019年的种植土地相较于2015年，转入面积约1 350平方千米，转出面积约2 120平方千米，净减少约770平方千米。

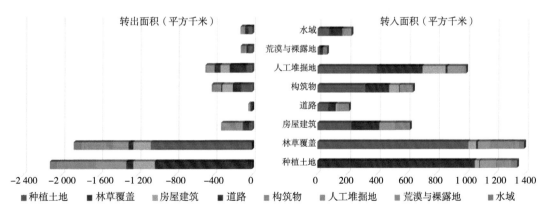

图2-4 2015—2019年河南省沿黄区域不同地表覆盖类型间的转化统计

2.2.2 地表覆盖动态度

地表覆盖动态度是指在特定的研究时段内，地表覆盖各地类间的转移，反映了研究区地表覆盖变化的剧烈程度，着眼于变化的过程，以便于在不同空间尺度上找出不同地表覆盖类型变化的热点区域。地表覆盖动态度指标越大，该区域各类地表覆盖在研究期内综合变化的程度越高。地表覆盖动态度公式见式（2-1）。

$$LC(\%)=\frac{\sum_{i=1}^{n}\Delta LCO_{i-j}}{\sum_{i=1}^{n}\Delta LCO_{i}}\times100 \qquad (2-1)$$

式中，LC指地表覆盖综合动态度；LCO_i指监测起始时间第i类地表覆盖类型的面积；ΔLCO_{i-j}指监测时间段内第i类地表覆盖类型转为非第i类地表覆盖类型面积的绝对值。为了研究河南省沿黄区域的地表覆盖变化情况，计算该区域地表覆盖动态度（图2-5）。郑州、开封和濮阳的地表覆盖动态度高于全省平均水平，其中郑州市地表覆盖动态度最高，达到了19.55，反映了该区域快速推进的城市化进程。

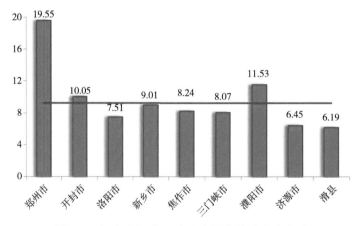

图2-5 河南省沿黄区域地表覆盖的动态变化度

为了更详细地展示河南省沿黄区域的地表覆盖动态度，计算了沿黄区域各县的地表覆盖动态度变化的情况（表2-4）。郑州市总体的动态度较高，其中，中原区、金水区、惠济区、管城区的土地动态度都高于30，尤其是管城区和中原区可达40左右，二七区、上街区、新郑市和中牟县的土地动态度达到20以上；郑州市只有登封市的地表覆盖动态度在10以下；开封市的土地动态度最高的是禹王台区、龙亭区和鼓楼区（>20），最低的是通许县（5.3）；洛阳市动态度最高的是瀍河回族区和洛龙区（>20），最低的是栾川县（2.85），同时孟津县、嵩县和宜阳县的地表覆盖动态度都小于10；新乡市地表覆盖动态度最大的区为红旗区和牧野区（17.32和16.42），地表覆盖动态度最小的市（县）为辉县市、获嘉县和卫辉市，这几个县区的地表覆盖动态度都在6.6左右；三门峡市地表覆盖动态度最大的区是湖滨区和义马市，分别为12.35和11.97，地表覆盖动态度最低的是卢氏县（2.15）；濮阳市的华龙区地表覆盖动态度最高（17.88），清丰县的地表覆盖动态度最低（8.65）；焦作市地表覆盖动态度最高的区域为孟州市（21.21），其次山阳区和修武县的动态度也在20附近，地表覆盖动态度最低的区域为中站区和沁阳市，地表覆盖度分别为8.9和8.81；济源市和滑县的地表覆盖动态度比较低，分别为6.44和6.19。

表2-4　2015—2019年河南省沿黄各县（市、区）土地动态度变化情况

省辖市	县（市、区）	动态度	省辖市	县（市、区）	动态度
郑州市	二七区	25.79	新乡市	凤泉区	11.39
	中原区	39.81		红旗区	17.32
	金水区	32.82		牧野区	16.42
	惠济区	34.65		卫滨区	13.02
	管城区	40.60		封丘县	8.55
	登封市	8.68		辉县市	6.49
	上街区	26.72		获嘉县	6.66
	新郑市	24.61		卫辉市	6.89
	新密市	15.36		新乡县	8.53
	荥阳市	15.41		延津县	7.48
	巩义市	11.87		原阳县	12.14
	中牟县	25.57		长垣县	11.51
开封市	鼓楼区	20.02	三门峡市	湖滨区	12.35
	龙亭区	21.05		陕州区	6.50
	顺河回族区	11.10		灵宝市	4.32
	祥符区	9.53		卢氏县	2.15
	禹王台区	21.10		渑池县	6.88
	杞县	5.84		义马市	11.97

（续表）

省辖市	县（市、区）	动态度	省辖市	县（市、区）	动态度
开封市	通许县	5.30	濮阳市	华龙区	17.88
	尉氏县	9.34		范县	12.31
	兰考县	14.63		南乐县	9.03
洛阳市	瀍河回族区	23.73		濮阳县	10.96
	涧西区	18.87		清丰县	8.65
	老城区	19.65		台前县	15.68
	洛龙区	20.16	焦作市	解放区	12.91
	西工区	19.80		马村区	12.08
	吉利区	18.65		山阳区	18.95
	栾川县	2.85		中站区	8.90
	洛宁县	15.07		博爱县	11.86
	孟津县	5.36		孟州市	21.21
	汝阳县	7.20		温县	9.88
	嵩县	4.86		武陟县	5.01
	新安县	11.88		修武县	19.20
	偃师市	12.97		沁阳市	8.81
	伊川县	10.02	济源市		6.44
	宜阳县	6.89	滑县		6.19

为了更好地研究沿黄区域各县（市、区）地表覆盖动态度的空间分布状况以及量级，图2-6在空间分布上，展示了各个县（市、区）地表覆盖动态度。由图2-6可知，河南省沿黄区域以桃花峪为界，地表覆盖动态度量级比较高的区域主要分布在河南省沿黄区域的下游区域。按照距离黄河干流远近的程度也可以看出，地表覆盖动态度较高的区域主要分布在距离黄河干流较近县（市、区）；动态度比较低区域主要分布在中游区域和距离黄河干流距离远的县（市、区）。此外，地表覆盖动态度较高区域主要分布在地级市主城区附近，反映了沿黄区域城市的扩张。

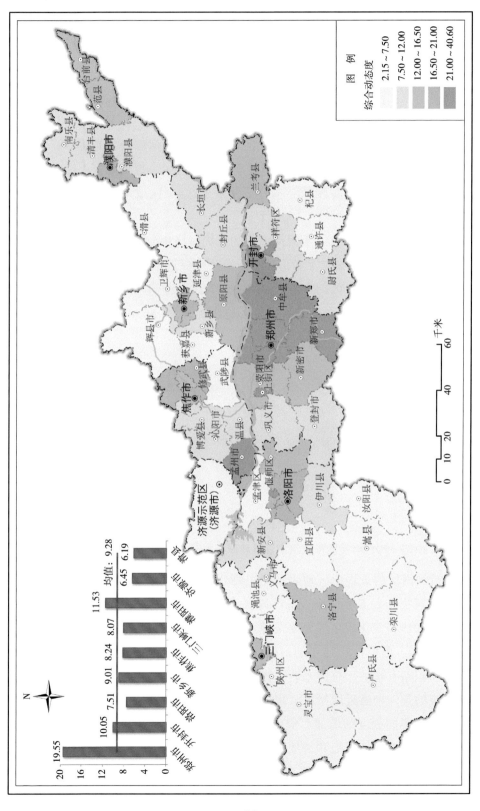

图2-6 2015—2019年河南省沿黄区域地表覆盖综合动态度空间分布情况

2.3　岸边带地表覆盖构成及动态变化

2.3.1　岸边带地表覆盖构成

　　根据黄河干流河南段的生态作用与居民地的分布特征，将从黄河大堤向外延伸0～500米的缓冲带定为近堤岸区，将500～5 000米的地带定为远堤岸区。以荥阳市桃花峪为分界线，将黄河干流分为中游及下游。以黄河干流河南段的近堤岸区、远堤岸区、中游及下游为界，将该区域划分为近堤岸区中游区域、近堤岸区下游区域、远堤岸区中游区域、远堤岸区下游区域。本节主要基于这4个区域来研究黄河干流河南段岸边带的地表覆盖状况。

　　由表2-5、图2-7可知，黄河干流河南段的近堤岸区中游面积为400.87平方千米，近堤岸区下游面积为256.43平方千米，黄河干流河南段近堤岸区总面积为657.3平方千米；黄河干流河南段远堤岸区的中游面积为2 507.24平方千米、远堤岸区下游面积为2 158.75平方千米，黄河干流河南段远堤岸区的总面积为4 665.99平方千米。

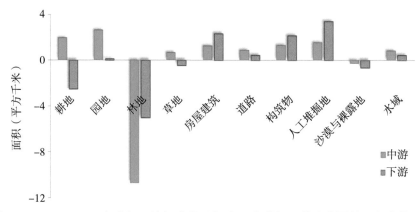

图2-7　2015—2019年黄河干流河南段近堤岸区中游与下游地表覆盖面积变化比较

　　黄河干流河南段的近堤岸区地表覆盖主要分为耕地、园地、林地、草地、房屋建筑、道路、构筑物、人工堆掘地、荒漠与裸露地和水域。从表2-5可知，近堤岸区的中游，2015—2019年变化较多的主要是林地地表覆盖，2019年林地相较于2015年减少了10.68平方千米。面积由2015年的210.7平方千米减少为200.02平方千米。耕地、园地和草地的面积略有增加，总体来看，该区域的种植土地略有增加、林草覆盖减少较多。与之对应的是，中游近堤岸区，房屋建筑、道路、构筑物、人工堆掘地，这些人工地表的面积都不同程度的增加。值得注意的是，由表2-5中可以看出，近堤岸区域下游属于种植土地（包括园地和耕地），在2015—2019年，合计约减少了2.46平方千米；属于林草覆盖的林地和草地绝对值也是减少的，合计减少了5.5平方千米。近堤岸区的下游，房屋建筑、道路、构筑物、人工堆掘地的绝对面积是快速增加的，三者合计增加的面积为8.22平方千米。

黄河干流河南段的近堤岸区中游和下游的林地都呈减少趋势，中游林地减少的面积最多（10.68）；耕地和草地，中游与下游区域的增减情况不一，中游区域，耕地和草地都略有增加，而下游区域，耕地和草地都是绝对减少的。值得注意的是，反映人类活动的房屋建筑、道路、构筑物和人工堆掘地在近堤岸区的中游和下游都是绝对增加的，下游增加的面积尤其多，反映了下游区域的人类活动比较剧烈。近堤岸区的中游和下游，荒漠与裸露地呈减少趋势，具体到黄河干流河南段的近堤岸区，荒漠与裸露地类反映了后备土地资源的潜力，中游区域减少的面积比较少，下游区域减少的面积比较多，反映了下游区域，人类活动相较于中游区域更为剧烈。中游区域与下游区域的水域面积在这一时期都是增加的，中游区域增加的面积比下游区域多，从侧面反映了中游区域与下游区域不同的人类活动强度。

表2-5 近堤岸区地表覆盖面积变化

	年份	类型	耕地	园地	林地	草地	房屋建筑	道路	构筑物	人工堆掘地	荒漠与裸露地	水域
中游	2015	面积（平方千米）	107.78	26.02	210.70	8.20	19.59	6.07	7.58	10.56	1.31	3.08
		占比（%）	26.88	6.49	52.56	2.05	4.89	1.51	1.89	2.64	0.33	0.77
	2019	面积（平方千米）	109.70	28.62	200.02	8.87	20.82	6.95	8.87	12.08	1.04	3.90
		占比（%）	27.37	7.14	49.90	2.21	5.19	1.73	2.21	3.01	0.26	0.97
	面积变化（平方千米）		1.93	2.61	-10.68	0.67	1.23	0.88	1.29	1.52	-0.27	0.83
下游	2015	面积（平方千米）	116.70	4.41	37.33	22.35	45.38	4.72	4.91	1.64	1.05	17.94
		占比（%）	45.51	1.72	14.56	8.71	17.70	1.84	1.91	0.64	0.41	7.00
	2019	面积（平方千米）	114.15	4.50	32.29	21.87	47.70	5.14	7.03	5.00	0.37	18.38
		占比（%）	44.52	1.75	12.59	8.53	18.60	2.00	2.74	1.95	0.14	7.17
	面积变化（平方千米）		-2.55	0.09	-5.04	-0.48	2.31	0.42	2.13	3.36	-0.69	0.43

由表2-6可知，远堤岸区的中游和下游耕地变化比较剧烈，中游区域耕地面积减少了49.04平方千米，下游区域耕地面积减少了103.12平方千米。远堤岸区林地面积减少的情况也比较剧烈，中游区林地减少了39.51平方千米，下游区域林地减少了20.32平方千米。在远堤岸区的草地和园地呈现不同程度的增加，但增加的面积有限。种植土地中，园地中游和下游合计增加了36.22平方千米，而耕地在2015—2019年同一时期，中游和下游合计减少了152.16平方千米，因此，种植土地在该区域是处于减少状态。林草覆盖地类包含林地和草地的面积，林地和草地在远堤岸区的中游和下游表现出不同的增减状态。远堤岸区域中游和下游的林地都处于减少的状态，合计减少面积约59.83平方千米；中游和下游区域的草地面积略微增加，两者合计增加面积约为18.79平方千米。

表2-6　远堤岸区地表覆盖面积变化

年份		类型	耕地	园地	林地	草地	房屋建筑	道路	构筑物	人工堆掘地	荒漠与裸露地	水域
中游	2015	面积（平方千米）	900.71	213.82	955.71	48.30	191.89	53.73	57.51	64.61	7.96	12.99
		占比（%）	35.92	8.53	38.12	1.93	7.65	2.14	2.29	2.58	0.32	0.52
	2019	面积（平方千米）	851.67	241.76	916.20	55.92	205.17	59.27	66.76	89.21	5.84	15.44
		占比（%）	33.97	9.64	36.54	2.23	8.18	2.36	2.66	3.56	0.23	0.62
	面积变化（平方千米）		-49.04	27.94	-39.51	7.62	13.28	5.54	9.25	24.60	-2.12	2.45
下游	2015	面积（平方千米）	1 334.20	39.42	201.35	117.60	242.40	53.41	52.69	30.63	4.61	82.47
		占比（%）	61.80	1.83	9.33	5.45	11.23	2.47	2.44	1.42	0.21	3.82
	2019	面积（平方千米）	1 231.08	47.69	181.02	128.77	271.91	61.42	72.15	73.48	1.54	89.69
		占比（%）	57.03	2.21	8.39	5.97	12.60	2.85	3.34	3.40	0.07	4.15
	面积变化（平方千米）		-103.12	8.28	-20.32	11.17	29.51	8.02	19.46	42.85	-3.07	7.21

由表2-6和图2-8可知，中游和下游的远堤岸区耕地和林地是绝对减少的，尤其是下游区域的耕地，减少的面积较大。远堤岸区中游和下游的园地及草地都处于略微增加的状态。房屋建筑、道路、构筑物、人工堆掘地都处于持续的扩大状态，尤其是人工堆掘地，增加的面积比较多，这几个地类反映了人工地表的增加和人类活动的强度越来越大。远堤岸区的中游和下游的荒漠与裸露地面积处于减少的状态，反映了该区域对后备土地资源的利用。远堤岸区域的水域面积与近堤岸区类似，在2015—2019年，处于增加的状态。总体上来看，远堤岸区的中游与下游，耕地与园地反映的种植

土地以及草地与林地反映的林草覆盖地类总体上是显著减少的。与之相反，反映人类活动强度和人工地表、不透水面的房屋建筑、道路、构筑物、人工堆掘地的面积持续增加。

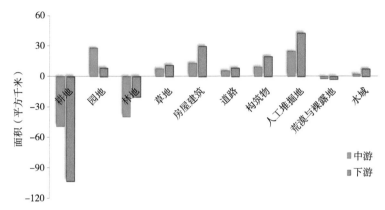

图2-8 2015—2019年黄河干流河南段远堤岸区中游与下游地表覆盖面积变化比较

2.3.2 岸边带地表覆盖动态变化

2.3.2.1 近堤岸区

由表2-7可知，黄河干流河南段，近堤岸区中游的耕地在2015—2019年主要转出为林地、园地、人工堆掘地、草地、构筑物等，在这一时期，耕地主要由林地、园地、人工堆掘地和草地转入。近堤岸区中游的园地主要转出为耕地，转出面积约5.86平方千米；该区域园地主要由耕地和林地转入，分别转入了7.96平方千米和1.7平方千米。该区域林地主要转出为耕地、人工堆掘地、园地、构筑物和草地，转出面积分别为14.05平方千米、2.67平方千米、1.7平方千米和1.37平方千米；主要由耕地和人工堆掘地转入，转入面积分别为8.69平方千米、1.11平方千米。该区域的草地主要转出为耕地、人工的堆掘地和林地等，转出面积分别为1.05平方千米、0.42平方千米、0.41平方千米。近堤岸区中游的房屋建筑主要转出人工堆掘地、构筑物、林地和耕地，但是转出的面积比较小，转入的面积比较多，主要由林地、耕地、构筑物、人工堆掘地、草地和园地转入。近堤岸区中游的道路转出面积约为0.2平方千米，转入0.85平方千米。近堤岸区中游的构筑物主要转出为耕地、人工堆掘地、房屋建筑、林地，主要由林地和耕地转入。近堤岸区中游的人工堆掘地主要转出为耕地、林地、草地，主要由耕地和林地转入。近堤岸区中游的荒漠与裸露地主要转出为耕地和林地，主要由林地和人工堆掘地转入。近堤岸区中游的水域主要转出为耕地、草地和林地，主要由耕地和林地转入。

表2-7　2015—2019年黄河中游近堤岸区的地表覆盖转移矩阵

	耕地	园地	林地	草地	房屋建筑	道路	构筑物	人工堆掘地	荒漠与裸露地	水域
耕地	85.89	7.96	8.69	1.21	0.56	0.21	1.20	1.60	0.01	0.44
园地	5.86	18.60	0.63	0.06	0.15	0.07	0.36	0.19	0.00	0.10
林地	14.05	1.70	188.33	1.00	0.68	0.39	1.37	2.67	0.10	0.42
草地	1.05	0.11	0.41	5.61	0.20	0.03	0.22	0.42	0.02	0.13
房屋建筑	0.13	0.03	0.19	0.08	18.49	0.02	0.26	0.37	—	—
道路	0.03	0.01	0.08	0.03	0.01	5.86	0.02	0.03	—	—
构筑物	0.62	0.13	0.35	0.29	0.48	0.03	5.11	0.49	—	0.08
人工堆掘地	1.68	0.10	1.11	0.50	0.24	0.30	0.32	6.19	0.07	0.05
荒漠与裸露地	0.19	—	0.16	0.01	—	0.01	0.01	0.06	0.85	0.02
水域	0.21	—	0.07	0.08	—		0.01	0.05	0.00	2.65

　　总体来看（表2-7），黄河干流河南段的近堤岸区中游区域，耕地转出面积总计为21.88平方千米，转入面积为23.82平方千米，耕地面积在2015—2019年增加了1.94平方千米。近堤岸区中游的园地转出面积总计为7.42平方千米，转入面积为2.08平方千米，近堤岸区中游的园地面积减少了5.34平方千米。近堤岸区中游林地转出22.38平方千米，转入3平方千米，黄河干流河南段的近堤岸区中游区域，林地面积减少19.38平方千米。草地转出面积2.59平方千米，转入面积2.05平方千米，减少0.54平方千米。房屋建筑转出面积约为1.08平方千米，转入面积1.76平方千米，增加0.68平方千米。该区域在2015—2019年，道路转出面积为0.21平方千米，转入面积约为0.85平方千米，面积增加了0.64平方千米。构筑物转出总面积2.47平方千米，转入面积2.57平方千米，面积增加了0.1平方千米。人工堆掘地转出面积4.37平方千米，转入面积4.28平方千米；荒漠与裸露地转出0.46平方千米，转入0.19平方千米，面积减少0.27平方千米。黄河干流河南段，中游近堤岸区水域面积转出0.46平方千米，转入0.8平方千米，面积增加了0.34平方千米。

　　由表2-8可知，近堤岸区下游的地表覆盖在2015—2019年变化也比较剧烈。耕地主要转出为林地、草地、人工堆掘地、构筑物、房屋建筑和园地，主要由林地和草地转入；园地主要转出为耕地、林地和人工堆掘地，主要由耕地和林地转入；林地主要转出为耕地、草地、房屋建筑、人工堆掘地和构筑物地类，主要由耕地、草地转入；

草地主要转出为耕地、林地、水域和房屋建筑，主要由林地、耕地和水域转入；房屋建筑主要转出为人工堆掘地和构筑物，主要由林地、耕地、草地和构筑物转入；道路主要转出为草地、人工堆掘地等，转出的面积比较小，主要由耕地、林地和人工堆掘地转入；构筑物主要转出为房屋建筑、耕地、林地和草地，主要由耕地、林地、草地和房屋建筑转入；人工堆掘地主要转出为草地、构筑物、房屋建筑，主要由耕地、房屋建筑、林地和草地转入；荒漠与裸露地主要由草地、林地和房屋建筑转入，主要转出为水域、草地、耕地；该区域的水域主要转出为草地、耕地和构筑物，主要由草地、耕地、荒漠与裸露地和构筑物转入。

表2-8　2015—2019年黄河下游近堤岸区的地表覆盖转移矩阵

	耕地	园地	林地	草地	房屋建筑	道路	构筑物	人工堆掘地	荒漠与裸露地	水域
耕地	104.78	1.05	3.90	1.74	1.32	0.14	1.40	1.58	0.01	0.77
园地	0.74	2.86	0.24	0.14	0.04	0.00	0.07	0.22	0.00	0.10
林地	4.42	0.41	25.69	3.32	1.65	0.13	0.72	0.76	0.03	0.20
草地	2.88	0.11	1.66	14.08	0.75	0.06	0.69	0.48	0.08	1.54
房屋建筑	0.16	0.01	0.27	0.24	43.05	0.04	0.29	1.31	0.02	0.01
道路	0.01	0.00	0.01	0.02	0.00	4.64	0.00	0.02	0.00	0.00
构筑物	0.31	0.02	0.23	0.22	0.51	0.02	3.11	0.07	0.00	0.40
人工堆掘地	0.14	0.01	0.07	0.39	0.22	0.09	0.28	0.38	0.00	0.05
荒漠与裸露地	0.11	0.00	0.03	0.19	0.00	0.00	0.01	0.01	0.21	0.48
水域	0.61	0.02	0.19	1.51	0.16	0.01	0.46	0.16	0.01	14.83

总体来看（表2-8），2015—2019年，黄河干流河南段的近堤岸区下游区域，耕地转出面积共计11.91平方千米，转入面积9.38平方千米，该区域耕地面积减少了2.53平方千米；园地面积转出共计1.55平方千米，转入1.63平方千米，增加了0.08平方千米；林地面积转出11.64平方千米，转入6.6平方千米，林地面积减少5.04平方千米；草地面积转出8.25平方千米，转入7.77平方千米，减少0.48平方千米；房屋建筑共转出面积2.35平方千米，转入4.65平方千米，增加面积约为2.3平方千米；道路转出面积共计0.06平方千米，转入面积0.49平方千米，该区域道路面积在该时段增加了0.43平方千米；构筑物共计转出面积1.78平方千米，转入面积约为3.92平方千米，面积增加

了2.14平方千米；人工堆掘地转出面积1.25平方千米，转入面积4.61平方千米，面积增加了3.36平方千米；荒漠与裸露地转出0.83平方千米，转入0.15平方千米，面积共减少0.68平方千米；水域转出面积3.13平方千米，转入面积3.55平方千米，净增加了0.42平方千米。

由图2-9可知，2015—2019年，近堤岸区（包括中游和下游）的水域主要由草地、耕地、荒漠与裸露地、构筑物转入，相较于2015年近堤岸区的水域主要转出为草地、耕地、建筑物；结合表2-7和表2-8可知，转入面积为4.35平方千米，转出面积为3.55平方千米，增加0.8平方千米。近堤岸区中下游的荒漠与裸露地主要由林地、草地和人工堆掘地转入，主要转出为耕地、林地、草地和构筑物，转出面积共计1.29平方千米，转入面积0.34平方千米，近堤岸区的荒漠与裸露地面积减少了0.95平方千米。近堤岸区中游和下游的人工堆掘地主要转出为耕地、草地等，主要由耕地、草地、房屋建筑和水域转入，转入面积合计8.89平方千米，转出面积5.62平方千米，增加了3.27平方千米。构筑物主要转出为耕地、房屋建筑、人工堆掘地和水域，主要由耕地和林地转入，转入面积6.49平方千米，转出面积4.25平方千米，增加了2.24平方千米。道路面积转入了1.34平方千米，转出0.27平方千米，该区域在这一时期道路面积增加了1.07平方千米。房屋建筑主要转出为人工堆掘地，主要由林地、耕地、构筑物和水域转入，该区域的房屋建筑在2015—2019年转出面积合计3.43平方千米，转入面积合计6.41平方千米，面积增加了2.98平方千米。草地主要转出为耕地、林地和水域，主要由林地、耕地、水域转入，转入面积9.82平方千米，转出面积10.84平方千米，减少了1.02平方千米。林地主要转出为耕地、草地、人工堆掘地、果园、房屋建筑和构筑物，主要由耕地、人工堆掘地和草地转入，转入面积9.6平方千米，转出面积34.02平方千米，减少了24.42平方千米。园地主要转出为耕地，主要由耕地和荒漠与裸露地转入，转入面积3.71平方千米，转出面积8.97平方千米，减少了5.26平方千米。耕地主要转出为林地、果园、人工堆掘地、草地和构筑物，主要由林地、果园、草地和人工堆掘地转入，转入面积为33.2平方千米，转出面积为33.79平方千米，耕地面积减少了0.59平方千米。

总体来看，2015—2019年，在黄河干流河南段的近堤岸区，耕地、园地、林地、草地和荒漠与裸露地呈减少趋势，尤其是反映种植土地覆盖的耕地与园地，反映林草覆盖的林地和草地，在整个近堤岸区都是净减少的，与之对应的是，房屋建筑、道路、构筑物和人工堆掘地的面积都呈增加趋势。

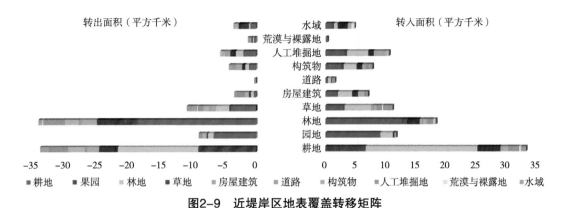

图2-9 近堤岸区地表覆盖转移矩阵

2.3.2.2 远堤岸区

如表2-9所示，远堤岸区中游的耕地主要转出为园地、林地、人工堆掘地、构筑物和草地，主要由林地、园地、人工堆掘地和草地转入，各地类总计转入面积为100.35平方千米，各地类总计转出面积为149.4平方千米。

表2-9 2015—2019年远堤岸区中游的地表覆盖转移矩阵

	耕地	园地	林地	草地	房屋建筑	道路	构筑物	人工堆掘地	荒漠与裸露地	水域
耕地	751.31	61.30	44.65	8.30	6.72	2.52	9.57	15.40	0.03	0.91
园地	35.12	166.09	4.16	0.98	1.50	0.54	1.75	3.62	0.00	0.11
林地	49.60	12.17	856.16	7.28	5.86	1.64	5.15	16.31	0.23	1.18
草地	4.51	0.81	2.76	32.86	1.64	0.46	2.00	2.45	0.04	0.82
房屋建筑	1.00	0.18	1.22	0.39	181.87	0.31	2.25	4.70	0.00	0.02
道路	0.22	0.04	0.52	0.16	0.11	52.12	0.25	0.30	0.00	0.01
构筑物	3.01	0.57	2.10	1.65	4.38	0.44	41.72	3.39	0.03	0.19
人工堆掘地	6.09	0.57	3.77	3.41	3.10	1.18	3.74	42.50	0.03	0.22
荒漠与裸露地	0.66	0.06	0.59	0.56	0.02	0.07	0.12	0.16	5.33	0.39
水域	0.14	0.01	0.18	0.35	0.04	0.00	0.18	0.38	0.14	11.59

远堤岸区中游的耕地面积减少49.05平方千米，远堤岸区中游园地主要转出为耕地、林地和人工堆掘地，主要由耕地和林地转入，转入面积75.71平方千米，转出面

积47.78平方千米，面积增加了27.93平方千米。远堤岸区中游的林地主要转出为耕地、人工堆掘地、园地、草地和房屋建筑，主要由耕地、园地、人工堆掘地、草地和构筑物转入，转入面积59.95平方千米，转出面积99.42平方千米，面积减少了39.47平方千米。远堤岸区中游的草地主要转出为耕地、林地、人工堆掘地和房屋建筑，主要由耕地、林地、人工堆掘地和构筑物转入，各地类转入面积总计为23.08平方千米，转出面积15.49平方千米，面积增加7.59平方千米。远堤岸区中游的房屋建筑主要转出为人工堆掘地、构筑物、林地和耕地，主要由耕地、林地和人工堆掘地转入，各地类转入面积合计23.37平方千米，转出面积合计10.07平方千米，远堤岸区中游的房屋建筑面积在2015—2019年增加了13.3平方千米。道路主要转出为林地、人工堆掘地、构筑物、耕地、草地和房屋建筑，主要由耕地、林地和人工堆掘地转入，各地类转入面积合计7.16平方千米，转出面积合计1.61平方千米，道路面积增加了5.55平方千米。远堤岸区中游的构筑物主要转出为房屋建筑、人工堆掘地、耕地、林地和草地，主要由耕地、林地、人工堆掘地、房屋建筑和园地转入，转入面积25.01平方千米，转出面积15.76平方千米，面积增加了9.25平方千米。远堤岸区中游的人工堆掘地主要由林地、耕地房屋建筑、园地和构筑物及草地转入，主要转出为耕地、林地、人工堆掘地、草地和房屋建筑，转出各地类的总面积为22.11平方千米，转入各地类的总面积为46.71平方千米，远堤岸区中游的人工堆掘地增加了24.6平方千米。荒漠与裸露地主要由林地、水域等转入，主要转出为耕地、林地、草地和水域，转出面积2.63平方千米，转入面积0.5平方千米，面积减少了2.13平方千米。水域面积主要由林地和耕地转入，主要转出为人工堆掘地和草地，各地类转入面积总计3.85平方千米，转出面积1.42平方千米，面积增加了2.43平方千米。

如表2-10所示，2015—2019年黄河干流河南段远堤岸区下游，耕地主要由林地、草地、园地、构筑物和水域转入，主要转出为林地、人工堆掘地、构筑物、园地、房屋建筑、草地和水域，转出面积158.44平方千米，转入面积55.37平方千米，面积净减少103.07平方千米。园地主要由耕地和林地转入，主要转出为耕地、人工堆掘地，各地类总计转入面积24.98平方千米，转出面积16.68平方千米，面积增加了8.3平方千米。林地主要由耕地和草地转入，主要转出为耕地、草地、房屋建筑和人工堆掘地，在2015—2019年，远堤岸区下游林地的转出面积50.39平方千米，转入面积70.67平方千米，面积减少了20.28平方千米。该区域的草地在该时段主要由耕地、林地、人工堆掘地和水域转入，主要转出为耕地、人工堆掘地、水域和林地，转出面积40.15平方千米，转入面积51.27平方千米，远堤岸区下游的草地面积在2015—2019年增加了11.12平方千米。房屋建筑主要转出为人工堆掘地、水域和构筑物，主要由耕地、林地、构筑物、草地、人工堆掘地转入，其他所有地类转入面积共计45.66平方千米，转出面积16.2平方千米，在远堤岸区下游房屋建筑面积增加了29.46平方千米。道路主要转出为人工堆掘地，主要由耕地、人工堆掘地、林地、草地转入，转入面积10.33平方千米，转出面积2.34平方千米，面积减少了7.99平方千米。构筑物主要转出为房屋建筑、耕地、人工堆掘地、草地，主要由耕地、林地、草地、房屋建筑和人工堆掘地转入，转入面积39.08平方千米，转出面积19.62平方千米，远堤岸区下游的构筑物面积在2015—2019年增加了19.46平方千米。人工堆掘地主要由耕地、草地、房屋建筑、林地等转入，主要转出为草地、房屋建筑、构筑物、道路等，各地类总计转入面积63.47平方千米，转出面积20.59平方千米，在2015—2019年，远堤岸区下游人工堆掘地增加了42.88平方千米。荒漠与裸露地主要由水域和草地转入，主要转出为水域、草地、人工堆掘地和耕地等，主要转出3.22平方千米，转入0.16平方千米，面积减少了3.06平方千米。水域主要由耕地、草地、林地转入，主要转出为草地、人工堆掘地和耕地，所有地类转入水域的总面积共计21.03平方千米，转出13.83平方千米，在远堤岸区下游的水域面积增加了7.2平方千米。

表2-10 2015—2019年远堤岸区下游的地表覆盖转移矩阵

	耕地	园地	林地	草地	房屋建筑	道路	构筑物	人工堆掘地	荒漠与裸露地	水域
耕地	1 175.76	20.98	38.07	17.99	18.44	3.87	21.56	28.20	0.01	9.32
园地	8.17	22.74	1.45	1.36	1.01	0.35	0.88	3.05	0.00	0.41
林地	26.87	2.29	130.70	16.96	9.44	1.17	4.47	7.40	0.01	2.06
草地	9.87	0.60	5.24	77.39	5.21	1.10	4.20	8.09	0.06	5.78
房屋建筑	1.32	0.09	1.12	1.63	226.23	0.44	3.73	7.78	0.00	0.09
道路	0.09	0.01	0.31	0.31	0.15	51.06	0.15	1.27	0.00	0.05
构筑物	4.49	0.57	1.31	2.59	5.62	0.59	33.06	3.82	0.00	0.63
人工堆掘地	1.43	0.28	1.90	5.82	4.96	2.59	2.90	10.03	0.00	0.71
荒漠与裸露地	0.27	0.04	0.07	0.35	0.08	0.03	0.07	0.33	1.38	1.98
水域	2.86	0.12	0.92	4.26	0.75	0.19	1.12	3.53	0.08	68.65

图2-10统计了2015—2019年整个黄河干流河南段远堤岸区中游和下游的地表覆盖间的转化。由图2-10结合表2-9、表2-10可知，远堤岸区的水域在2015—2019年期间，主要由耕地、草地转入，转入面积24.88平方千米，转出15.25平方千米，远堤

岸区的水域面积增加了9.63平方千米；远堤岸区的荒漠与裸露地转入0.66平方千米，转出5.85平方千米，减少了5.19平方千米；人工堆掘地主要转出为耕地、草地、房屋建筑等，主要由耕地、林地和房屋建筑等转入，转入面积110.18平方千米，转出面积42.7平方千米，远堤岸区的人工堆掘地共增加了67.48平方千米；远堤岸区的构筑物主要由耕地、林地、房屋建筑、草地和构筑物转入，主要转出为房屋建筑、人工堆掘地和耕地，所有地类的转入面积64.09平方千米，转出面积35.38平方千米，远堤岸区的构筑物在2015—2019年增加了28.71平方千米；远堤岸区的道路转入面积17.49平方千米，主要由耕地、人工堆掘地和林地转入，转出面积为3.95平方千米，远堤岸区的道路增加了13.54平方千米；远堤岸区的房屋建筑主要由耕地、林地、构筑物、人工堆掘地和草地转入，主要转出为人工堆掘地和构筑物，所有地类的转入面积69.03平方千米，转出面积26.27平方千米，远堤岸区的房屋建筑增加了42.76平方千米；远堤岸区的草地主要由耕地、林地、人工堆掘地转入，主要转出为耕地、人工堆掘地等，各地类共计转入面积74.35平方千米，转出55.64平方千米，远堤岸区的草地面积增加了18.71平方千米；远堤岸区的园地主要由耕地和林地转入，主要转出为耕地、人工堆掘地和荒漠与裸露地，远堤岸区的园地转入面积100.69平方千米，转出64.46平方千米，增加了36.23平方千米；远堤岸区的耕地主要由林地、果园、草地、构筑物和人工堆掘地转入，主要转出为林地、园地、人工堆掘地、构筑物、房屋建筑，转入面积155.72平方千米，转出面积307.84平方千米，远堤岸区减少了152.12平方千米。总体来看，黄河干流河南段的远堤岸区，耕地和林地大面积减少，人工堆掘地、房屋建筑，构筑物的面积大幅度增加。

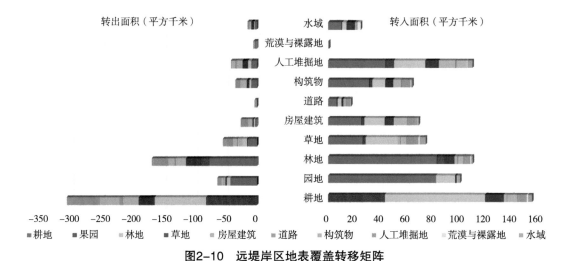

图2-10　远堤岸区地表覆盖转移矩阵

2.3.3 主要地表类型覆盖度变化

2.3.3.1 种植土地覆盖度及变化

图2-11为河南省黄河中游大堤外5千米缓冲区内耕地面积占比的平均值。总体上看,除了三门峡市的灵宝市、湖滨区和渑池县2019年耕地占比相较于2015年提升外,其他各个地区2019年的耕地面积占比相较于2015年都是下降的。2015—2019年,耕地面积占比增加最多的为灵宝市,占比增加了4.9%,耕地面积占比减少最多的为孟津县,占比减少了5.7%。将图2-11各个相关县(市、区)按照中游的先西段后东段向东排列、先南岸后北岸缓冲区分布排列,从分布的趋势来看,黄河南岸的缓冲区内大致呈现从西段向东段耕地面积占比逐渐增加的趋势,即东段比西段耕地面积占比高,黄河北岸比黄河南岸耕地面积占比高的趋势,图2-11的趋势线即可看出整体的耕地面积占比的分布趋势。

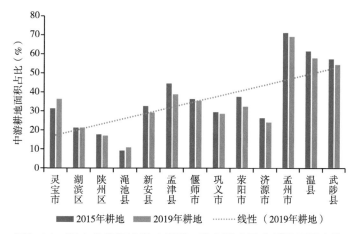

图2-11 河南省黄河中游大堤外5千米缓冲区内耕地面积占比

图2-12为河南省黄河下游大堤外5千米缓冲区内耕地面积占比的平均值。总体上看,下游各个地区2019年的耕地面积占比相较于2015年都是下降的。2015—2019年,耕地面积占比兰考县16.6%,减少最少的为濮阳市范县,减少了0.96%。将图2-12各个相关县(市、区)按照下游的先西段后东段、先南岸后北岸,自西向东分布排列,从分布的趋势来看,黄河南岸的缓冲区内大致呈现从西段向东段耕地面积占比逐渐增加的趋势,即东段比西段耕地面积占比高,黄河北岸比黄河南岸耕地面积占比高的趋势,图2-12的趋势线即可看出河南黄河下游缓冲区内整体的耕地面积占比的分布和变化的趋势。

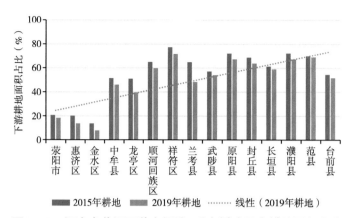

图2-12　河南省黄河下游大堤外5千米缓冲区内耕地面积占比

图2-13为河南省黄河中游大堤外5千米缓冲区内耕地面积占比及面积占比变化的空间分布。由图2-13可知，河南省黄河中游大堤外5千米缓冲区内耕地面积占比的空间分布差异比较大，三门峡市的渑池县和陕州区大部分区域的耕地面积占比较低，多在0～10%；但在灵宝市中部靠近黄河区域地势低平，耕地面积占比比较高，有部分区域耕地面积占比在75%以上。黄河中游大堤外5千米缓冲区的济源段耕地面积占比在25%～50%，局部区域在50%～75%。黄河中游大堤外5千米缓冲区的洛阳段耕地面积占比的情况与济源市类似，郑州市所属的巩义市、上街区和荥阳市沿黄5千米缓冲区内耕地面积占比多在10%～50%，部分斑块区域的耕地占比在75%左右。焦作市所属的孟州市、温县和武陟县的沿黄5千米缓冲区内，耕地面积占比较大，大部分区域耕地面积占比在75%以上。

总体来看，越往下游，耕地面积占比越大，结合该区域的地形来看，越往下游区域，地势越平坦，尤其是北岸区域的地形相较于南岸区域平坦，这就造就了越往下游耕地占比越高，越靠近下游的黄河北岸，耕地占比越大。焦作所属的孟州、温县和武陟县靠近黄河区域，地势平坦，灌溉和耕作便利，耕地面积比较高且分布较为集中。

从河南省黄河中游大堤外5千米缓冲区内耕地面积占比变化的空间分布图来看（图2-13），河南黄河中游大堤外5千米缓冲区内耕地面积占比的变化比较明显，整个河南段中游区域除了三门峡市渑池县变化较小外，其他区域的变化都较为剧烈，尤其是中游靠近下游区域洛阳市的新安县、孟津县，郑州市的荥阳市等区域，耕地面积占比在2015—2019年减少了10%以上。三门峡市渑池县的耕地面积占比在2015—2019年以保持不变和略有增加，灵宝市、陕州区和湖滨区增加和减少都存在。总体来看，中游区域的三门峡段变化较小，中游区域的济源段和焦作段变化相较于黄河南岸的洛阳段和郑州段变化小，中游区域的洛阳和郑州段变化最为剧烈。

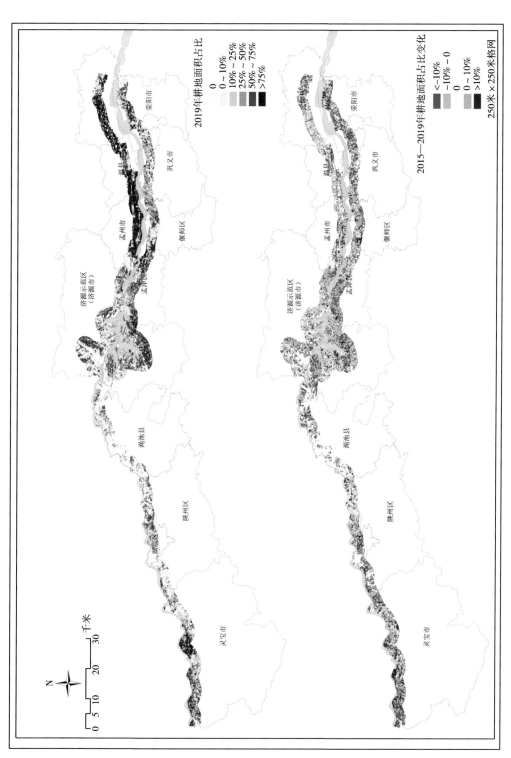

图2-13 河南省黄河中游大堤外5千米缓冲区内耕地面积占比及占比变化的空间分布

以桃花峪为界，将黄河分为中游和下游区域，桃花峪以上区域为河南黄河段的中游区域，桃花峪以下为河南省黄河的下游区域。图2-14为河南省黄河下游大堤外5千米缓冲区内耕地面积占比及占比变化。河南段黄河下游比中游区域的耕地面积占比高。由图2-14可知，黄河北岸区域耕地面积占比多在75%以上，下游南岸的郑州市、惠济区和金水区为城市建成区，耕地面积占比较低；下游南岸开封区域耕地面积占比比郑州市耕地面积占比高。

总体来说，下游区域比中游区域耕地面积占比高，下游区域的东段比西段耕地面积占比高，下游区域黄河北岸比南岸耕地面积占比高。由图2-14的2015—2019年耕地面积变化的情况来看，下游南岸的耕地面积占比变化比较大，尤其是在南岸郑州市的惠济区、金水区和开封市的龙亭区以及兰考县，在这一时期耕地面积减少10%以上。黄河北岸的下游区域，耕地变化没有南岸剧烈，耕地增减情况不一，以濮阳市的台前县和新乡市的原阳县减少较多。

2.3.3.2 林草覆盖度及变化

图2-15为河南省黄河中游大堤外5千米缓冲区内林草覆盖面积占比的平均值。总体上看，三门峡市灵宝市、洛阳偃师市和郑州荥阳市在2015年和2019年林草覆盖占比都较高。2019年林草覆盖占比最高的地区为灵宝市的33%，林草覆盖占比最低的地区为洛阳市新安县的0.5%。由图2-15可知，三门峡灵宝市和湖滨区、洛阳的孟津县、焦作的孟州市和温县2019年相较于2015年林草覆盖占比减少，占比减少最多的地区为灵宝市，减少了2.46%；其他各个地区2019年的林草覆盖面积占比相较于2015年都是上升的。2015—2019年，林草覆盖面积占比增加最多的为郑州的荥阳市，占比增加了7.12%。将图2-15各个相关县（市、区）按照中游的先西段后东段、先南岸后北岸，自西向东分布排列，从分布的趋势来看，黄河南岸的缓冲区，河南黄河中游缓冲区内林草覆盖占比大致呈现从西段向东段林草覆盖占比越来越少的趋势，即东段比西段林草覆盖占比低，黄河北岸比黄河南岸林草覆盖占比低的趋势，图2-15的趋势线即可看出整体的林草覆盖面积占比的分布趋势。

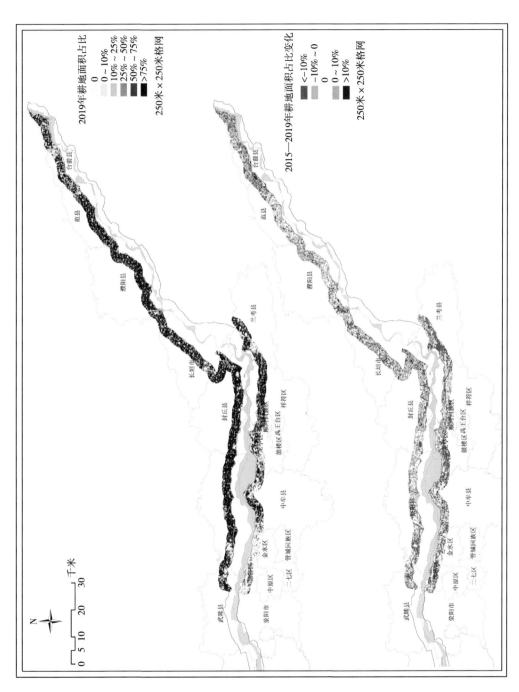

图2-14 河南省黄河下游大堤外5千米缓冲区内耕地面积占比及占比变化的空间分布

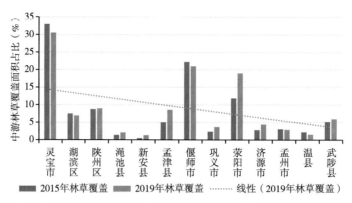

图2-15 河南省黄河中游大堤外5千米缓冲区内林草覆盖面积占比

图2-16为河南省黄河下游大堤外5千米缓冲区内林草覆盖面积占比的平均值。2019年下游林草覆盖占比最高的区域为荥阳市的49.75%,林草覆盖占比最低的区域为濮阳县的10.67%。总体上看,除了开封市所属的龙亭区、顺河回族区、祥符区和兰考县以及长垣县外,下游各个地区2019年的林草覆盖面积占比相较于2015年总体上呈下降趋势。2015—2019年,林草覆盖面积占比减少最多的为郑州市的金水区,占比减少了10.37%,增加最多的地区为开封市的祥符区,增加了2.29%。将图2-16各个相关县(市、区)按照先西段后东段、先南岸后北岸,自西向东分布排列,从分布的趋势来看,黄河南岸缓冲区的各个县(市、区)大致呈现从西段向东段林草覆盖面积占比越来越少的趋势,即东段比西段林草覆盖面积占比低,黄河北岸比黄河南岸林草覆盖面积占比低的趋势(图2-16),河南黄河下游缓冲区内整体的林草覆盖面积占比的分布和变化的趋势,郑州市所属的荥阳市、惠济区和金水区占比较高,越往下游基本符合林草覆盖占比越低的趋势。

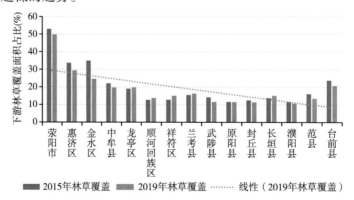

图2-16 河南省黄河下游大堤外5千米缓冲区内林草覆盖面积占比

图2-17为河南省黄河中游大堤外5千米缓冲区内林草覆盖面积占比及林草覆盖占比变化的空间分布。黄河河南段的南岸,中游大堤外5千米缓冲区内林草覆盖面积占比的空间分布差异比较大,三门峡灵宝市林草覆盖面积占比较高,多在25%~50%,

在灵宝市西北部靠近黄河区域，林草覆盖面积占比高达75%左右，有部分区域林草覆盖占比在75%以上；三门峡市的陕州区和渑池县林草覆盖面积占比在0~10%，占比偏低。南岸的洛阳段除了偃师市部分区域占比较高外，新安县和孟津县林草覆盖面积占比低，在0~10%；黄河中游大堤外5千米缓冲区的济源段耕地面积占比在25%~50%，局部区域在50%~75%。郑州巩义市、上街区沿黄5千米缓冲区内林草覆盖面积占比多在0~10%，荥阳市部分斑块区域的林草覆盖面积占比在25%~50%。其次，黄河北岸区域的济源市和焦作市所属的孟州市、温县和武陟县的沿黄5千米缓冲区内，林草覆盖面积占比较低，除了零星斑块林草覆盖较高外，大部分区域耕地面积占比在10%以下。

总体来看，越往中游东段区域，林草覆盖面积占比越小。结合地形来看，越往下游区域，地势越平坦，北岸区域的地形相较于南岸区域平坦，利于耕作，如焦作所属的孟州、温县和武陟县靠近黄河区域，地势平坦，灌溉和耕作便利，耕地面积占比较高且分布较为集中，以上因素造成该区域耕地占比较大但林草覆盖较低。中游西段的三门峡灵宝市山地面积较大，不利于耕作，因此林草覆盖面积较大。

从河南省黄河中游大堤外5千米缓冲区内林草覆盖面积占比在2015—2019年变化的空间分布图来看（图2-17），河南黄河中游大堤外5千米缓冲区内林草覆盖面积占比变化的空间分布差异比较明显。黄河南岸，三门峡灵宝段，变化较为剧烈，而在三门峡市的陕州区和渑池县，变化较小；黄河南岸的洛阳段和郑州巩义市和荥阳市，增加的斑块较多，有些斑块的增加达到10%以上。黄河北岸的济源市和焦作市的林草覆盖大部分区域保持不变，但也有小部分斑块稳中有增。总体来看，黄河南岸区域林草覆盖面积变化剧烈，北岸区域变化较为平稳；黄河中游西段林草覆盖面积占比在2015—2019年减少的斑块较多，东段林草覆盖面积占比增加的斑块较多。

图2-18为河南省黄河下游大堤外5千米缓冲区内林草覆盖面积占比及林草覆盖占比变化的空间分布。首先看黄河河南段下游区域的南岸，河南省黄河下游大堤外5千米缓冲区内林草覆盖面积占比的空间分布差异不大，多在10%~25%，在郑州市惠济区和金水区靠近黄河区域，林草覆盖面积占比25%左右，有个别斑块的林草覆盖占比在50%上；开封市的龙亭区、兰考县沿黄区域林草覆盖面积占比在0~10%。河南黄河下游区域北岸的林草覆盖面积占比较低，且分布较为均匀，多在0~10%。

总体来看，黄河下游区域，林草覆盖面积占比较小，且北岸的林草覆盖面积占比比南岸小，北岸分布较为均匀，南岸林草覆盖面积占比的空间分布西高东低。因为下游区域，地势平坦，尤其是北岸区域的地形相较于南岸区域平坦，灌溉和耕作便利，耕地面积占比较高且分布较为集中，造成该区域耕地占比较大且分布较为稳定，也造成林草覆盖较低。

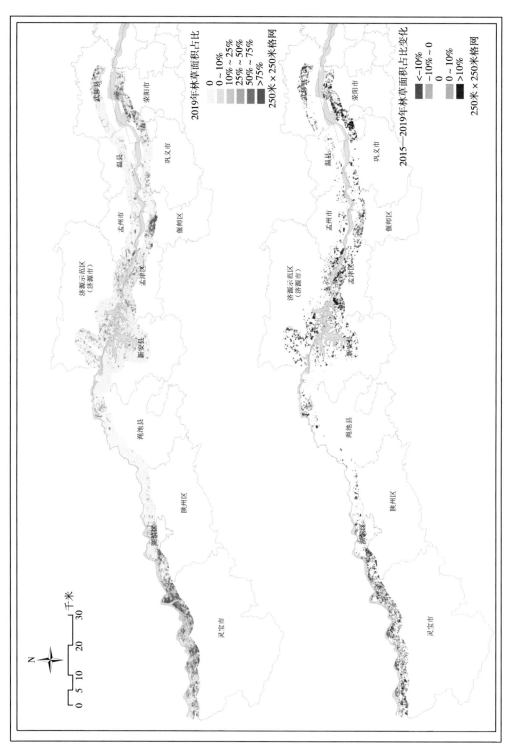

图2-17 河南省黄河中游大堤外5千米缓冲区内林草覆盖面积占比及占比变化的空间分布

从河南省黄河下游大堤外5千米缓冲区内林草覆盖面积占比在2015—2019年变化的空间分布来看（图2-18），河南黄河下游大堤外5千米缓冲区内林草覆盖面积占比变化的空间分布差异比较明显。黄河南岸，郑州市的惠济区和金水区，林草覆盖面积的减少较为剧烈，特别是金水区的林草覆盖面积占比，减少10%以上；黄河南岸的郑州市比开封市减少的面积多，开封市除了兰考县减少较多外，其他区域较为稳定。黄河北岸，新乡市的林草覆盖大部分区域保持不变，但也有小部分斑块有增减（原阳县西部）；濮阳市的台前县沿黄区域减少较多。

总体来看，下游大堤外5千米缓冲区内，南岸区域林草覆盖面积在2015—2019年变化剧烈，北岸区域变化较为平稳；南岸的西段林草覆盖面积占比在2015—2019年减少的斑块较多，南岸的东段林草覆盖面积保持不变的斑块较多；北岸的东段林草覆盖面积占比减少的面积较多，下游北岸的西段，大部分区域保持不变（除原阳县西段外）。

2.3.3.3　人工地表覆盖度及变化

河南省黄河中游大堤外5千米缓冲区内人工地表面积占比的平均值见图2-19。总体上看，三门峡市湖滨区和陕州区、焦作温县和武陟县在2015年和2019年人工地表占比都高于20%。2019年人工地表占比最高的地区为三门峡市陕州区（29.87%），人工地表占比最低的地区为济源市（6.01%）。由图2-19可知，2019年河南省黄河中游大堤外5千米缓冲区内人工地表面积占比相较于2015年皆呈增加趋势，占比增加最多的地区为焦作市的温县，增加了3.68%，人工地表面积增加最少的三门峡市的渑池县，增加了0.67%。将图2-19各个相关县（市、区）按照先西段后东段、先南岸后北岸，自西向东分布排列，从分布的趋势来看，黄河南岸的缓冲区内人工地表占比大致呈现从西段向东段人工地表占比越来越多的趋势，即东段比西段人工地表占比高，北岸比南岸人工地表占比高，图2-19中的2019年人工地表分布的趋势线即可看出整体的人工地表占比的分布趋势。

图2-20为河南省黄河下游大堤外5千米缓冲区内耕地表面积占比的平均值。2019年下游人工地表占比最高的区域为荥阳市（49.75%），人工地表占比最低的是开封市祥符区（14.32%）。总体上看，下游各个地区2019年人工地表面积占比相较于2015年都是增加的。2015—2019年，人工地表面积占比增加最多的为郑州市金水区的16.83%，增加最少的为新乡市长垣县的1.3%。将图2-20各个相关县（市、区）按照先西段后东段、先南岸后北岸，自西向东分布排列，从分布趋势来看，郑州市所属的惠济区和金水区占比较高，越往下游基本符合人工地表占比越低。总体来看，黄河南岸的缓冲区的各个县（市、区）大致呈现从西段向东段人工地表面积占比越来越

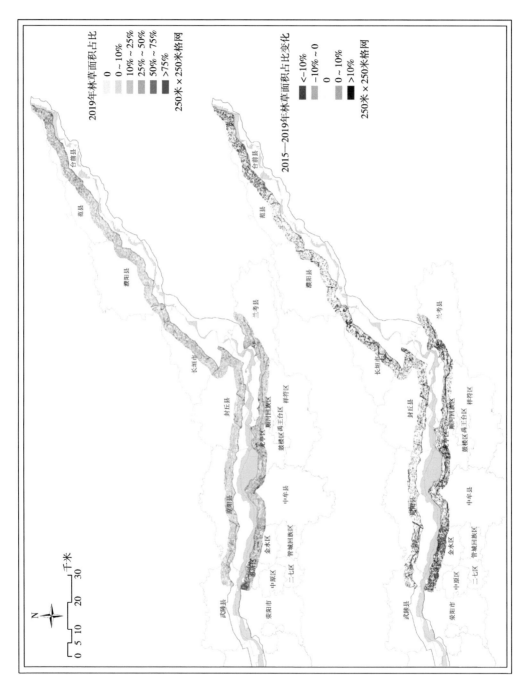

图2-18　河南省黄河下游大堤外5千米缓冲区内林草覆盖面积占比及占比变化的空间分布

少的趋势，即东段比西段人工地表面积占比低，黄河北岸比黄河南岸人工地表面积占比低的趋势，图2-20的趋势线即可看出该区域的这种人工地表面积占比的分布和变化的趋势。

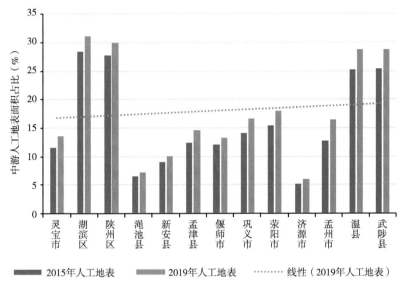

图2-19　河南省黄河中游大堤外5千米缓冲区内人工地表面积占比

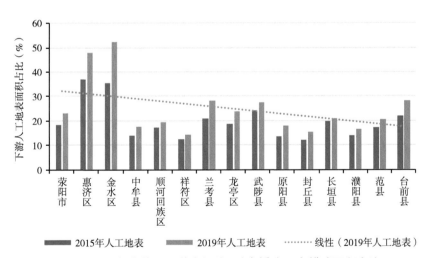

图2-20　河南省黄河下游大堤外5千米缓冲区内耕地面积占比

图2-21展示了河南省黄河中游大堤外5千米缓冲区内人工地表面积占比及占比变化的空间分布。由图2-21可知，黄河南岸，三门峡市湖滨区和陕州区是人工地表面积占比最高的区域，尤其是在三门峡市的湖滨区，人工地表面积占比高达75%以上，在三门峡市的陕州区，人工地表面积占比在25%～75%，三门峡渑池县的东段区域，由于地形原因，人工地表覆盖较低，大部分区域为0，少部分区域在0～10%，渑池县西

部与陕州区交界处人工地表覆盖较高，人工地表面积占比在25%～75%。洛阳市的新安县、孟津县、偃师市在缓冲区内的人工地表面积大部分在25%左右，有部分斑块人工地表覆盖度比较高，可达75%左右。郑州巩义市和荥阳市的人工地表占比分布与洛阳市类似。黄河北岸的济源市在缓冲区内的人工地表面积占比多在0～10%，焦作市所属的孟州市、温县和武陟县的人工地表面积比济源市高，多在10%～25%，有不少斑块的人工地表覆盖面积在50%～75%，由于该区域地势平坦、人口分布密集，因此人工地表的面积占比较高。

图2-21展示了2015—2019年河南省黄河中游大堤外5千米缓冲区内人工地表面积占比的变化。总体来看，三门峡市陕州区人工地表面积减少较多，灵宝市和渑池县的变化情况稳中有增。洛阳新安县、孟津县和偃师市也有一些斑块减少，但除了大部分范围的人工地表面积保持不变外，其他较多斑块增加0～10%；巩义市和荥阳市人工地表面积有增有减，总体上人工地表面积是增加的。黄河北岸的济源市总体上来看，保持不变。焦作市的人工地表面积占比增加的斑块较多，增加的比例多在0～10%。总体上，2015—2019年河南省黄河中游大堤外5千米缓冲区内人工地表面积占比变化除了三门峡陕州区面积占比减少较多外，其他区域多为稳中有增的趋势。

图2-22为河南省黄河下游大堤外5千米缓冲区内耕地面积占比及占比变化的空间分布。由图2-22可知，首先从黄河南岸来看，郑州市的惠济区和金水区人工地表面积占比较高，部分区域人工地表面积占比在75%以上，郑州市中牟县人工地表面积占比在10%以下，开封市的龙亭区、兰考县在该区域的人工地表覆盖大部分区域在25%以下，少部分斑块在0～10%。黄河北岸的缓冲区内，除了一些个别区域人工地表面积占比在25%～75%外，大部分区域的人工地表面积占比在10%～50%。

图2-22展示了2015—2019年河南省黄河下游大堤外5千米缓冲区内耕地面积占比的变化。总体来看，黄河南岸郑州市金水区和惠济区面积增减变化比较剧烈，部分区域的斑块人工地表面积占比减少在10%以上，同时该区域有些斑块的面积占比增加的区域在10%以上；郑州市中牟县面积变化稳中有赠，增加面积在0～10%。开封市所属的龙亭区和兰考县，人工地表面积增加0～10%，部分斑块增加10%以上。黄河北岸，新乡市所属的原阳县、封丘县和长垣县人工地表面积稳中有增，总体上人工地表面积是增加的。濮阳市的人工地表面积占比稳中有增，增加的比例多在0～10%。

总体上来看，2015—2019年河南省黄河下游大堤外5千米缓冲区内人工地表面积占比变化除了惠济区和金水区变化较大外，其他区域多为稳中有增，增长的态势较为平稳。

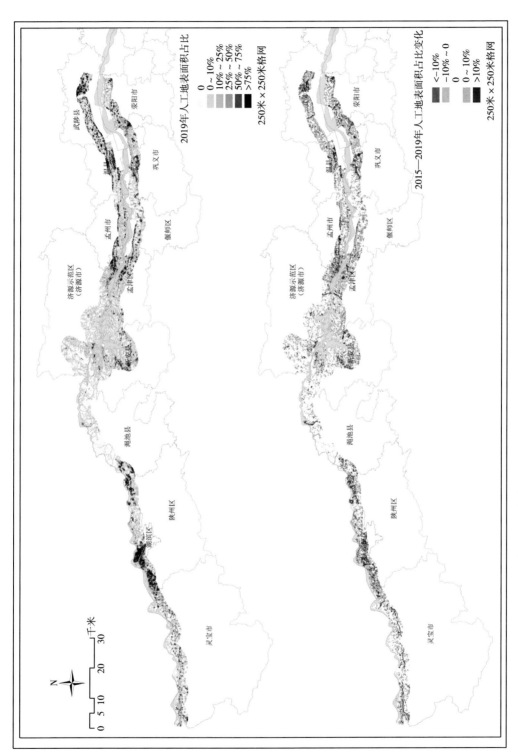

图2-21 河南省黄河中游大堤外5千米缓冲区内人工地表面积占比及占比变化的空间分布

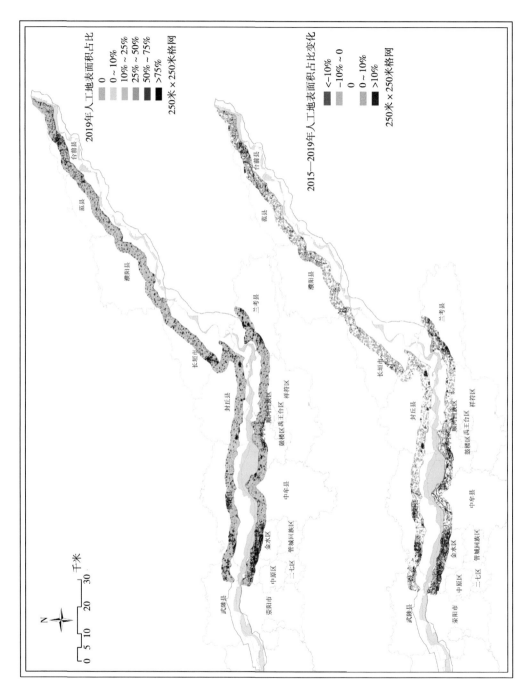

图2-22 河南省黄河下游大堤外5千米缓冲区内耕地面积占比及占比变化的空间分布

2.4 本章小结

本章以2015年河南省地理国情普查数据和2019年河南省地理国情监测数据为基础，结合专题统计数据，对河南省沿黄区域以及黄河岸边带区域地表覆盖主要地类的构成及空间分布、动态变化进行了综合统计分析。

2.4.1 地表覆盖的构成及空间分布

2015—2019年，河南省沿黄区域种植土地面积由26 179.43平方千米减少为25 405.36平方千米，净减少了774.07平方千米，占河南省沿黄区域土地面积的比例由44.2%减少为42.89%；林草覆盖面积由23 414.92平方千米减少为22 937.67平方千米，占河南省沿黄区域土地总面积的比重由39.53%减少为38.73%，总面积净减少了477.25平方千米；房屋建筑面积由4 818.79平方千米增加为5 118.89平方千米，占河南省沿黄区域土地总面积的比例由8.14%增加为8.64%，总面积增加了300.1平方千米；道路覆盖面积由1 099.43平方千米增加为1 272.13平方千米，占河南省沿黄区域土地总面积的比例由1.86%增加为2.15%，总面积增加了172.7平方千米；构筑物的面积由1 297.7平方千米增长为1 518.21平方千米，占河南省沿黄区域国土总面积的比例由2.19%增加为2.56%，净增加了200.5平方千米；人工堆掘地面积由960.68平方千米增长为1 471.77平方千米，占河南省沿黄区域国土总面积的比例由1.62%增长为2.48%，总面积增加了511.09平方千米；荒漠与裸露土地面积由370.81平方千米减少为314.69平方千米，占河南省沿黄区域总面积的比例由0.63%降为0.53%，面积减少了56.12平方千米；水域总面积由1 087.7平方千米增加为1 190.74平方千米，占河南省沿黄区域土地总面积的比例由1.84%增加至2.01%，面积增加了103.04平方千米。

2015—2019年，河南省沿黄区域种植土地、林草覆盖、荒漠与裸露土地的面积快速减少。与之相对应的是，该区域的房屋建筑、道路、构筑物、人工堆掘地和水体面积显著增加。这显示了该区域的地表覆盖处于快速的变化中，尤其是该区域的房屋建筑、道路、构筑物和人工堆掘地的快速增加与种植土地和林草覆盖的快速减少反映了该区域推进快速的城市化进程。

2.4.2 地表覆盖的动态变化分析

2015—2019年河南省沿黄区域，水域总转入面积约为220平方千米，总转出面积约为120平方千米，增加100平方千米；荒漠与裸露地总转入约62平方千米，总转出约118平方千米，减少约56平方千米；人工堆掘地转入约1 000平方千米，转出约500平方千米，增加约500平方千米；构筑物转入面积约640平方千米，转出面积约420平方千米，增加约220平方千米；道路覆盖转入面积约210平方千米，转出面积约40平方千米，增加约170平方千米；房屋建筑转入面积约620平方千米，转出面积约320平方千米，增加约300平方千米；林草覆盖转入约1 390平方千米，转出约1 870平方千米，减少约480平方千米；种植土地转入面积约1 350平方千米，转出面积约2 120平方千米，减少约770平方千米。

河南省沿黄区域以桃花峪为界，地表覆盖动态度比较高的区域主要分布在河南省沿黄区域的下游区域；按照距离黄河干流远近的程度划分，地表覆盖动态度较高的区域主要分布在距离黄河干流比较近的县（市、区）；而地表覆盖动态度比较低的区域主要分布在中游区域和距离黄河干流距离比较远的县（区）。此外，地表覆盖动态度比较高的区域主要分布在地级市主城区附近，反映了沿黄区域城市的扩张。

2.4.3　岸边带地表覆盖构成及动态变化

2.4.3.1　近堤岸区和远堤岸区各个地表覆盖类型构成及变化

黄河干流河南段的近堤岸区，不论中游还是下游，林地都是绝对减少的，中游林地减少的面积最多可达10.68平方千米；耕地和草地，中游与下游区域的增减情况不一，中游区域，耕地和草地略有增加，而下游区域，耕地和草地都是绝对减少的。房屋建筑、道路、构筑物和人工堆掘地在近堤岸区的中游和下游都是绝对增加的，下游增加的面积较多，反映了下游区域人类活动比较剧烈；荒漠与裸露地的面积呈减少趋势，具体到黄河干流河南段的近堤岸区，荒漠与裸露地反映了后备土地资源的潜力，中游区域减少的面积较少，下游区域减少的较多，反映了下游区域，人类活动相较于中游区域更为剧烈。中游区域与下游区域的水域面积在这一时期都是增加的，中游区域增加的面积比下游区域多，从侧面反映了中游区域与下游区域不同的人类活动强度。

黄河干流河南段远堤岸区，无论中游或下游，耕地和林地呈减少状态，尤其是下游区域的耕地，减少的面积较大。远堤岸区中游和下游的园地和草地略微增加。房屋建筑、道路、构筑物、人工堆掘地持续的扩大，尤其是人工堆掘地，增加的面积较多，反映了人工地表的增加和人类活动的强度越来越大。远堤岸区中游和下游的荒漠与裸露地面积减少，反映了该区域对后备土地资源的开发利用。远堤岸区水域面积与近堤岸区类似，在2015—2019年处于增加的状态。远堤岸区的中游与下游，耕地与园地反映的种植土地及草地与林地反映的林草覆盖地类总体上是显著减少的，与之相反，反映人类活动强度和人工地表、不透水面的房屋建筑、道路、构筑物、人工堆掘地的面积持续增加。

2.4.3.2 近堤岸区和远堤岸区主要地表类型覆盖度变化情况

2015—2019年，河南省黄河干流大堤外5千米缓冲区内的耕地：从耕地面积占比来看，呈现下游区域比中游区域耕地面积占比高；下游区域的东段比西段耕地面积占比高；下游区域黄河北岸比南岸耕地面积占比高。从5千米缓冲区内耕地面积占比变化的情况来看，下游南岸的耕地面积占比变化比较大，郑州市的惠济区、金水区和开封市的龙亭区以及兰考县，耕地面积减少10%以上。黄河北岸的下游区域，耕地变化没有南岸剧烈，耕地增减情况不一，以濮阳市的台前县和新乡市的原阳县减少较多。

2015—2019年，河南省黄河干流大堤外5千米缓冲区内的林草覆盖：对于中游来说，越往中游的东段区域，林草覆盖面积占比越小。结合地形来看，越往下游区域，地势越平坦，北岸区域地形相较于南岸区域平坦，灌溉和耕作便利，耕地面积占比较高且分布较为集中，以上因素造成该区域耕地占比较大但林草覆盖较低。中游西段的三门峡灵宝市山地面积较大，不利于耕作，因此林草覆盖面积较大。对于下游来说，下游南岸区域林草覆盖面积在2015—2019年变化剧烈，北岸区域变化较为平稳；黄河下游南岸的西段林草覆盖面积占比在2015—2019年减少较多，南岸的东段林草覆盖面积保持不变；北岸的东段林草覆盖面积占比减少的面积较多，下游北岸的西段，大部分区域保持不变（除原阳县西段外）。

2015—2019年，河南省黄河干流大堤外5千米缓冲区内的人工地表：中游区域人工地表面积占比变化除了三门峡陕州区面积占比减少较多外，其他区域多呈现稳中有增的趋势；下游大堤外5千米缓冲区内人工地表面积占比变化除惠济区和金水区变化较大，增加较多外，其他区域多为稳中有增，增长态势较为平稳。

3 地表生态格局特征及演变

生态格局指不同地表生态系统或地表要素的斑块特征及其在空间上的配置规律。生态格局决定了资源环境的分布形式和组分，制约着各种生态过程，与生态抗干扰能力、恢复能力、系统稳定性和生物多样性有密切的联系。空间格局分析是景观生态学研究的核心之一，目的就是在似乎无序的景观上发现潜在的有意义的秩序。

本章基于地理国情普查数据，结合专业部门数据和管理规定，从自然生态系统格局及变化、生态系统质量、自然保护区生态状况3个方面对河南省域地表生态格局进行分析，以期全面摸清沿黄区域地表生态格局本底状况，为河南省制定重大生态建设战略方针提供科学依据。

3.1 自然生态系统格局及变化

生态系统是指在自然界的一定空间内生物与环境构成的统一整体，在这个统一整体中，生物与环境之间相互影响、相互制约，并在一定时期内处于相对稳定的动态平衡状态。生态系统类型众多，每个类型的生态系统都具有其特点和重要的生态服务功能，其中林地、草地、水域均属于生态承载力较高、基础性生态用地。黄河河南段主要位于黄河流域的中下游，其中以郑州桃花峪为界，以上为中游区域，以下为下游区域。本节主要考察黄河河南段整个沿黄区域及黄河沿岸不同空间距离范围内的林地、草地、湿地覆盖及变化情况。

3.1.1 沿黄区域自然生态系统格局

3.1.1.1 林地生态系统

如图3-1和图3-2所示，沿黄区域林地覆盖率为36.12%，以阔叶林和阔叶灌木林为主，二者占林地面积的80%以上。2015—2019年，针叶林、乔灌混交林、绿化林地和人工幼林面积有所增加，阔叶林与针阔混交灌木林面积有所减少。2019年，沿黄区域林地面积为21 392.28平方千米，林地覆盖率为36.12%。林地包括12种类型，其中阔叶林面积最大，为11 721.03平方千米，占林地面积的54.79%；其次是阔叶灌木林，面积为6 125.10平方千米，占林地总面积的28.63%，阔叶林和阔叶灌木林二者占林地总面积的80%以上。乔灌混合林、针叶林、人工幼林和绿化林地的面积分别为1 574.30平方千米、806.28平方千米、435.89平方千米和335.27平方千米，占林地面积的比例分别为7.36%、3.77%、2.04%和1.57%，而针叶灌木林、竹林、疏林和稀疏灌丛占比较小，占林地总面积的比例不足0.3%。由沿黄区域不同林地类型2015—2019年的变化情况可以看出，阔叶林、针阔混交灌木林、疏林和稀疏灌丛面积有所减少，其他林地类型有所增加，阔叶林、针阔混交灌木林、疏林和稀疏灌丛面积分别减少了1 012.98平方千米、330.79平方千米、0.13平方千米和0.03平方千米。乔灌混合林、人工幼林和绿化林地面积增加较为明显，分别增加了270.34平方千米、270.33平方千米和152.69平方千米。

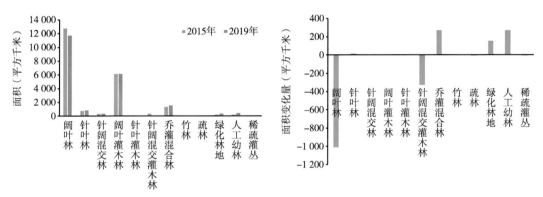

图3-1 河南省沿黄区域不同林地类型的面积及变化量

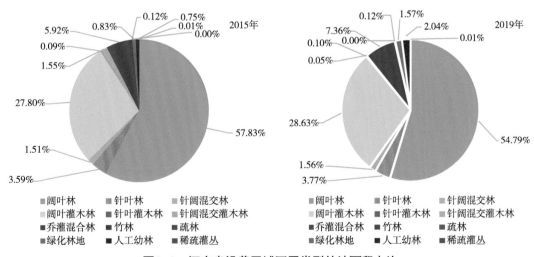

图3-2 河南省沿黄区域不同类型林地面积占比

由图3-3和图3-4可知，沿黄区域林地空间分布不均，主要分布在黄河中游区域，二门峡市和洛阳市林地面积之和占沿黄区域林地总面积的70%以上；沿黄区域各市中林地覆盖率三门峡市、洛阳市和济源市高于沿黄区域均值，其余各市低于均值，沿黄区域的林地主要分布在黄河中游区域特别是三门峡市和洛阳市，其中洛阳市2019年林地占比为40.01%，三门峡市林地占比为31.01%，二者林地面积占比之和超过了70%。黄河下游区域各市林地面积占比普遍较低，除新乡市为5.88%以外，其他林地占比均在3%以下。2015—2019年间，三门峡市、洛阳市和济源市林地占比有所增加，其余市（县）林地占比有所减少。各市林地覆盖率差异显著，三门峡市、洛阳市和济源市的林地覆盖率高于沿黄区域林地覆盖率均值，2019年3个地市林地覆盖率分别为66.65%、56.14%和57.08%，其余林地覆盖率均低于沿黄林地覆盖率均值，其中林地覆盖率最低的滑县不足5%，不到林地覆盖率最高的三门峡市的1/10。2015—2019年间，沿黄区域林地面积共计减少了628.88平方千米，林地覆盖率降低了1.06个百分点，河南省沿黄区域林地面积均不同程度的下降，其中郑州市、开封市和滑县林地覆盖率下降幅度较高，分别下降了2.46%、1.69%和1.41%。

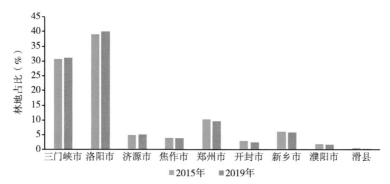

图3-3　河南省沿黄区域林地面积分布占比

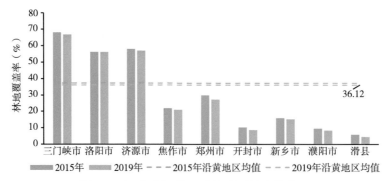

图3-4　河南省沿黄区域林地覆盖率的变化

3.1.1.2　草地生态系统

如图3-5、图3-6所示，2019年，沿黄区域草地面积为1 545.39平方千米，草地覆盖率为2.61%。草地包括8种类型，其中高覆盖度草地面积最大，为1 153.19平方千米，占草地面积的81.47%；护坡灌草、绿化草地和中覆盖度草地占沿黄区域草地总面积的比例分别为7.13%、6.95%和4.05%；低覆盖度草地、牧草地、固沙灌草和其他人工草地类型共计占沿黄区域草地面积的比例不足0.4%。由沿黄区域不同草地类型2015—2019年的变化情况可以看出，中覆盖度草地和牧草地面积有所减少，其他草地类型有所增加。中覆盖度草地和牧草地分别减少了19.10平方千米和0.17平方千米；高覆盖度草地、绿化草地和护坡草地面积增加较为明显，分别增加了105.88平方千米、40.98平方千米和19.97平方千米。

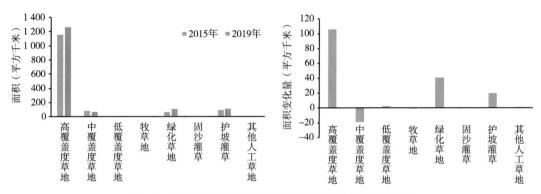

图3-5　河南省沿黄区域不同草地类型的面积及变化量

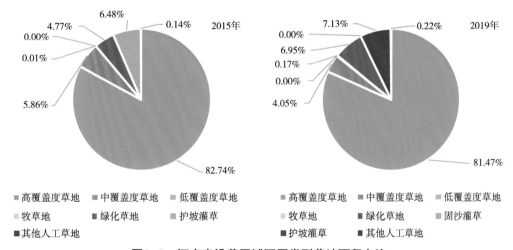

图3-6　河南省沿黄区域不同类型草地面积占比

如图3-7所示，从沿黄不同市（县）草地面积占沿黄草地总面积的比值变化可以看出，沿黄区域的草地主要分布在黄河下游区域，郑州市、新乡市、开封市草地占比较高，分别达到了23.87%、19.95%和16.17%。三门峡市、济源市及滑县草地占比较低，分别为4.08%、2.47%和2.42%（图3-7）。2015—2019年间，洛阳市、济源市、开封市、濮阳市和滑县草地占比有所增加，其余市（县）草地占比有所减少。针对沿黄每个市（县）行政范围内的草地覆盖率的分析表明，市（县）中草地覆盖率郑州市、开封市、新乡市、濮阳市和焦作市高于沿黄区域均值，其余市（县）低于均值（图3-8）。各市（县）中郑州市草地覆盖率最高，为4.87%，其次为开封市，为4.00%，排名第三的焦作市草地覆盖率为3.80%。2015—2019年间，沿黄区域草地覆盖率整体上提升了0.26个百分点，除三门峡市和新乡市草地覆盖率有所降低外，其他市（县）均呈增加趋势，其中增加较为明显的市（县）为开封市、滑县及济源市，分别增加了1.52%、0.75%和0.50%。

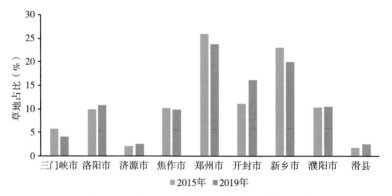

图3-7　河南省沿黄区域草地面积分布占比

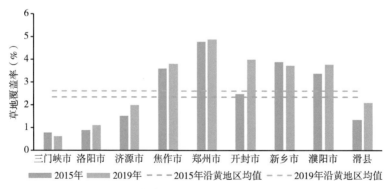

图3-8　河南省沿黄区域草地覆盖率的变化

3.1.1.3　湿地生态系统

　　如图3-9所示，沿黄区域湿地面积为1 190.74平方千米，湿地覆盖率为2.01%。湿地包括河流和水渠两种类型，其中以河流为主，占整个湿地面积的97.63%，2015—2019年河流和水渠面积分别增加了100.18平方千米和2.85平方千米。

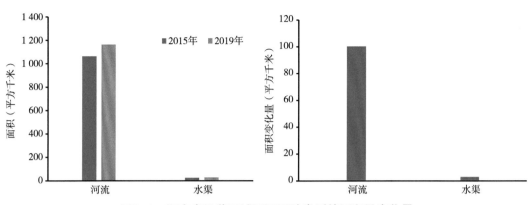

图3-9　河南省沿黄区域不同湿地类型的面积及变化量

由图3-10和图3-11可知，沿黄区域湿地空间分布上下游整体上高于中游地区，沿黄市（县）中洛阳市、郑州市、新乡市湿地占比较高。2015—2019年湿地覆盖率整体呈增加趋势，济源市、郑州市和濮阳市湿地覆盖率高于沿黄均值，其余市（县）低于沿黄均值。如图3-10所示，从沿黄区域湿地在不同市（县）的面积分布占比可以看出，湿地在沿黄区域空间分布上下游整体高于中游，市（县）中洛阳市、郑州市和新乡市湿地占比较高，分别为25.40%、18.09%和13.66%。济源市、焦作市和滑县湿地占比较低，分别为6.55%、4.42%和0.72%。针对沿黄区域不同市（县）行政区域内湿地覆盖率的分析发现，济源市、郑州市和濮阳市湿地覆盖率高于沿黄区域均值，分别为4.11%、2.85%和2.70%，其他市（县）低于沿黄均值。2015—2019年，沿黄区域湿地覆盖率提高了0.17%，不同市（县）湿地覆盖率均呈增加趋势，其中济源市、郑州市和濮阳市增加幅度最大，2019年较2015年分别提高了0.35%、0.29%和0.21%。

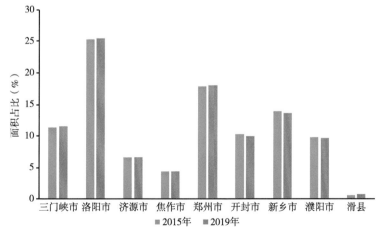

图3-10　河南省沿黄区域湿地面积分布占比

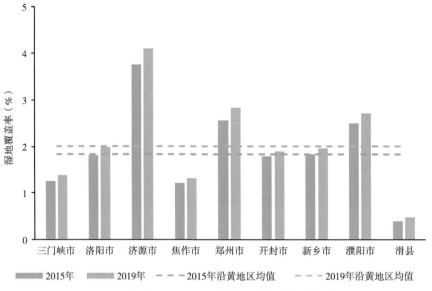

图3-11　河南省沿黄区域湿地覆盖率的变化

3.1.1.4　裸露地

如图3-12和图3-13所示，沿黄区域裸露地总面积为314.69平方千米，占整个沿黄区域总面积的0.56%。裸露地包括泥土地表、沙质地表、砾石地表和岩石地表，其中以砾石地表占比最高，占整个裸露地的63.29%；其次为沙质地表，面积占比为23.38%；泥土地表和岩石地表占比较小，分别为6.04%和7.29%。2015—2019年，不同类型的裸露地均呈下降趋势，砾石地表、泥土地表、沙质地表和岩石地表分别减少了29.59平方千米、15.51平方千米、10.90平方千米和0.11平方千米。

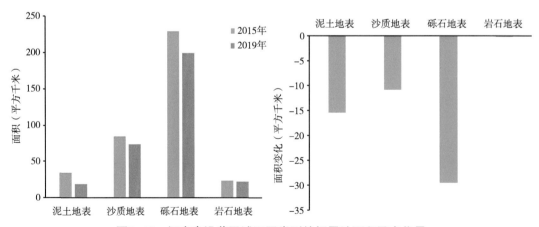

图3-12　河南省沿黄区域不同类型的裸露地面积及变化量

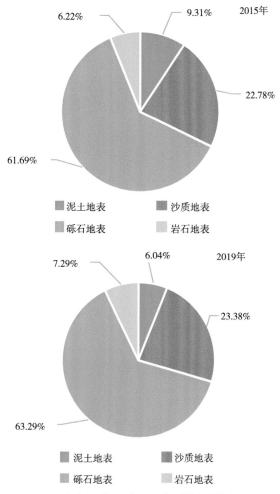

图3-13 河南省沿黄区域不同类型的裸露地面积占比

由图3-14可知，由沿黄区域裸露地在不同市（县）的面积分布占比可以看出，裸露地空间分布上黄河中游地区高于下游地区，中游区域的洛阳市和三门峡市裸露地占比分别达到了38.31%和20.90%，郑州市和新乡市的占比也超过了10%，分别为13.99%和14.90%。4个地市裸露地面积占整个沿黄区域裸露地面积的88.10%，其余市（县）裸露地表分布较少，均在6%以下。对沿黄区域不同市（县）的裸露地覆盖率的分析发现（图3-15），济源市、洛阳市、三门峡市、郑州市和新乡市裸露地覆盖率高于沿黄区域均值，其他市（县）低于沿黄区域均值，济源市裸露地覆盖率最高，为0.98%，其次为洛阳市，为0.79%，第三为郑州市，为0.58%。2019年沿黄区域裸露地覆盖率较2015年降低了0.10%，不同市（县）裸露地覆盖率均呈下降趋势，其中以郑州市、济源市和洛阳市降低最为明显，分别降低了0.21%、0.15%和0.12%，其余市（县）降低率在0.1%以内（图3-16）。

图3-14 2019年河南省沿黄区域自然生态系统格局

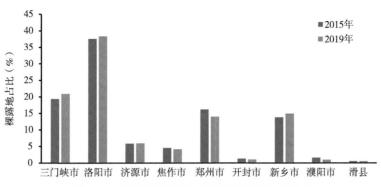

图3-15　河南省沿黄区域裸露地面积分布占比

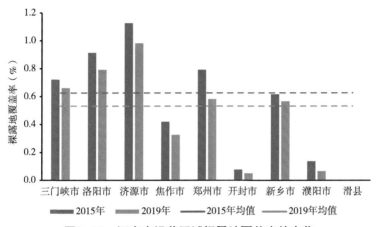

图3-16　河南省沿黄区域裸露地覆盖率的变化

3.1.2　岸边带自然生态系统格局

根据黄河干流的生态作用与居民地分布特征,同时考虑高水位以下区域有淹水可能性,在整个沿黄生态廊道建设中的主导作用不强,此处将岸边带的范围划定为高水位岸线至大堤外5千米内,主要分析林地和草地生态系统的分布格局。自高水位岸线向外延伸,将高水位岸线距大堤之间的区域定为堤内区(面积为1 914.07平方千米),将黄河大堤外500米以内区域定为近堤岸区(面积约为656.48平方千米),500米至5千米以内定为远堤岸区(面积约为4 665.92平方千米)。

3.1.2.1　林地生态系统

如图3-17所示,黄河高水位至黄河大堤外5千米区域内林地覆盖率为22.17%,低于沿黄区域林地覆盖率36.12%近14个百分点,随着沿河岸距离的增加,堤内区、近堤岸区及远堤岸区林地覆盖率分别为14.42%、35.14%和23.51%。由图3-18可知,林地在整个带状区域内空间分布不均，中游区域林地覆盖率为35.97%，整体较高，涉及的县（市、区）近1/2林地覆盖率超过30%，但各县（市、区）林地覆盖率高低交错，渑池县、济源市与新安县林地覆盖率分别达到了79.67%、62.02%和57.40%，而武陟县和温县林地覆盖率仅为4.69%和5.10%。下游区域林地覆盖率为10.62%，与中游区域相差1倍以上且空间分布上同样存在高低交错的情况。

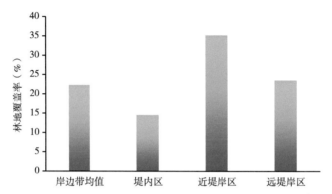

图3-17　河南省沿黄河不同距离范围内林地覆盖率的变化

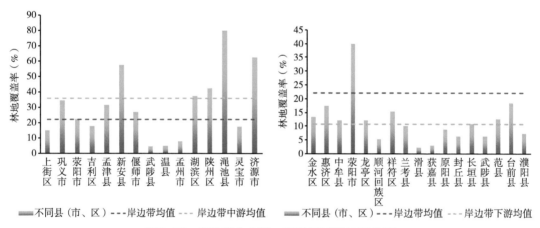

图3-18　岸边带内中游、下游区域林地覆盖率

中游区域堤内区、近堤岸区和远堤岸区林地覆盖率随着沿河距离的增加呈现先增加后减少的趋势；下游区域堤内区、近堤岸区和远堤岸区林地覆盖率随着沿河距离的增加呈降低趋势。近堤岸区和远堤岸区中游和下游林地覆盖率的变化趋势较为相似，中游涉及的县（市、区）与下游涉及的县（市、区）与堤内区域相比差异更为明显。对堤内区、近堤岸区和远堤岸区中游和下游区域不同县（市、区）林地覆盖率分别进行比较分析。如图3-19可知，堤内区中游区域林地覆盖率为18.14%，高于堤内林地覆盖率均值14.42%，下游区域林地覆盖率为14.35%，低于堤内林地覆盖率均值；中

游区域涉及的14个县（市、区）中巩义市、荥阳市、武陟县和温县林地覆盖率低于堤内均值，分别为6.45%、9.05%、3.07%和4.65%；其他县（市、区）均高于堤内均值，其中偃师市、渑池县、陕州区及新安县林地覆盖率均在70%以上，分别为100%、78.97%、75.99%和73.18%。下游区域涉及的15个县（市、区）中9个县（市、区）林地覆盖率高于堤内均值，林地覆盖率较高的县（市、区）中牟县、金水区和顺河回族区分别为68.45%、59.58%和51.17%，林地覆盖率较低的县（市、区）中兰考县、长垣县和武陟县分别为8.84%、7.48%和6.87%。

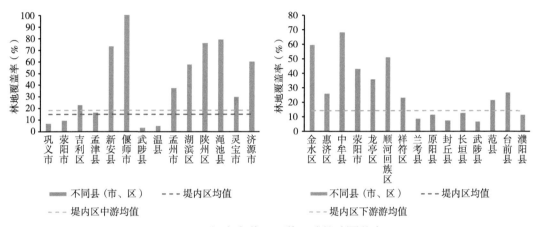

图3-19　堤内中游、下游区域林地覆盖率

由图3-20可知，近堤岸区中游区域林地覆盖率为49.78%，高于近堤岸区林地覆盖率均值35.14%，下游区域林地覆盖率为12.63%，低于近堤岸区林地覆盖率均值；中游区域涉及的14个县（市、区）中吉利区、武陟县、温县、孟州市和灵宝市5个县（市、区）林地覆盖率低于近堤均值，分别为14.31%、10.22%、5.32%、3.46%和13.95%；其他县（市、区）均高于近堤均值，其中渑池县、济源市、新安县和偃师市林地覆盖率均在60%以上，分别为82.87%、75.12%、67.57%和65.76%。下游区域涉及的15个县（市、区）中林地覆盖率除荥阳市外均低于近堤均值，荥阳市林地覆盖率为67.71%，林地覆盖率较低的县（市、区）中顺河回族区、原阳县和濮阳县分别为1.42%、7.75%和5.38%。

由图3-21可知，远堤岸区中游区域林地覆盖率为36.55%，高于远堤林地覆盖率均值23.51%，下游区域林地覆盖率为8.37%，低于远堤林地覆盖率均值；中游区域涉及的15个县（市、区）中上街区、吉利区、武陟县、温县、孟州市和灵宝市6个县（市、区）林地覆盖率低于远堤均值，分别为14.97%、18.10%、5.27%、5.28%和7.69%；其他县（市、区）均高于远堤均值，其中渑池县、济源市和新安县林地覆盖率均在50%以上，分别为79.20%、59.62%和53.11%。下游区域涉及的17个县（市、区）中林地覆盖率除荥阳市外均低于远堤均值，荥阳市林地覆盖率为40.16%，林地覆盖率较低的县（市、区）中滑县、获嘉县和濮阳县分别为2.16%、2.86%和4.28%。

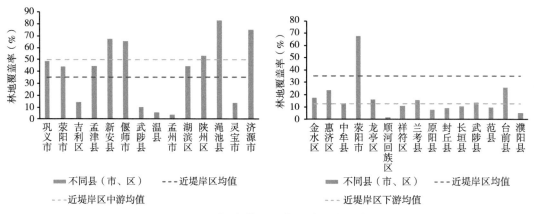

图3-20　近堤中游、下游区域林地覆盖率

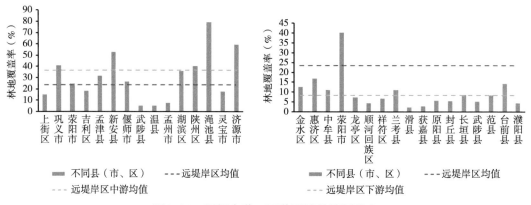

图3-21　远堤中游、下游区域林地覆盖率

3.1.2.2　草地生态系统

由图3-22可知，黄河高水位至黄河大堤外5千米区域内草地覆盖率为4.09%，高于沿黄区域草地覆盖率1.48个百分点，随着沿河岸距离的增加，堤内区、近堤岸区及远堤岸区草地覆盖率分别为4.22%、4.67%和3.96%。由图3-23可知，草地在整个带状区域内空间分布不均，中游区域草地覆盖率为2.40%，涉及的县（市、区）草地覆盖率高低交错，草地覆盖率在0.07%～16.01%变化。下游区域草地覆盖率为5.52%，是中游区域草地覆盖率的2倍以上，空间分布上相对连续性更好，涉及的17个县（市、区）中仅有3个县（市、区）草地覆盖率低于均值4.09%。

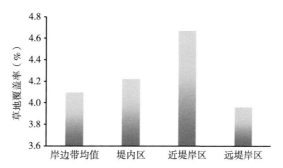

图3-22 沿黄河不同距离范围内草地覆盖率的变化

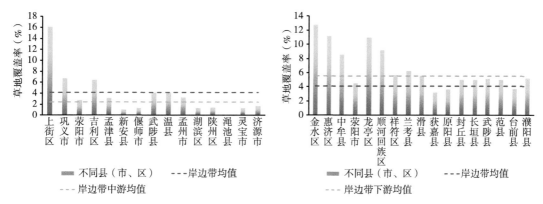

图3-23 岸边带内中游、下游区域草地覆盖率

中游区域堤内区、近堤岸区和远堤岸区草地覆盖率随着沿河距离的增加先减少后增加；下游区域随着沿河距离的增加先增加后减少（图3-24）。近堤岸区和远堤岸区中游和下游草地覆盖率的变化趋势较为相似，中游涉及的县（市、区）和下游涉及的县（市、区）与堤内区域相比差异更为明显。对堤内区、近堤岸区和远堤岸区中游和下游区域不同县（市、区）草地覆盖率分别进行比较分析。如图3-24所示，堤内区中游区域草地覆盖率为3.66%，低于堤内草地覆盖率均值4.22%，下游区域草地覆盖率为4.37%，高于堤内草地覆盖率均值；中游区域涉及的14个县（市、区）中吉利区、孟津县和孟州市草地覆盖率高于堤内均值，分别为6.39%、9.21%和11.75%；其他县（市、区）均低于堤内均值，其中偃师市无草地覆盖，巩义市、新安县、陕州区、渑池县和灵宝市草地覆盖率均在2%以下，分别为1.50%、1.49%、1.85%、0.17%和1.50%。下游区域涉及的15个县（市、区）中荥阳市、祥符区、原阳县、台前县和濮阳县5个县（市、区）草地覆盖率低于堤内均值，分别为1.08%、4.19%、2.82%、2.93%和3.93%，其他区域草地覆盖率均高于堤内均值，其中草地覆盖率较高的县（市、区）中金水区、惠济区、中牟县和顺河回族区草地覆盖率均在10%以上，分别为20.73%、10.53%、10.04%和15.31%。

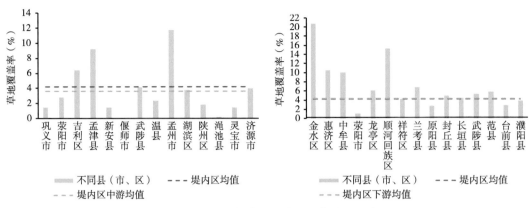

图3-24　堤内中游、下游区域草地覆盖率

由图3-25可知，近堤岸区中游区域草地覆盖率为2.20%，低于近堤岸区草地覆盖率均值4.67%，下游区域草地覆盖率为8.56%，高于近堤岸区草地覆盖率均值；中游区域涉及的14个县（市、区）中巩义市和滑县高于近堤均值，分别为9.03%和8.35%；其他县（市、区）均低于近堤均值，其中渑池县和灵宝市草地覆盖率均在1%以下，分别为0.11%和0.91%。下游区域涉及的15个县（市、区）中草地覆盖率除中牟县和荥阳市外均高于近堤均值，中牟县和荥阳市草地覆盖率分别为4.22%和2.47%，草地覆盖率较高的县（市、区）中金水区、惠济区、顺河回族区和祥符区均在10%以上，分别为16.74%、16.24%、11.36%和11.39%。

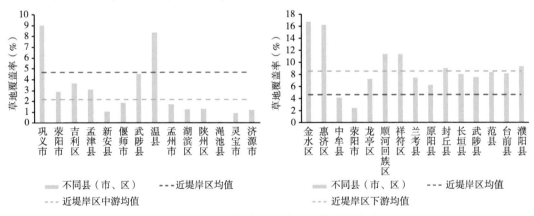

图3-25　近堤中游、下游区域草地覆盖率

由图3-26可知，远堤岸区中游区域草地覆盖率为2.23%，低于远堤草地覆盖率均值3.96%，下游区域草地覆盖率为5.96%，高于远堤草地覆盖率均值；中游区域涉及的15个县（市、区）中上街区、巩义市、吉利区和温县4个县（市、区）草地覆盖率高于远堤均值，分别为16.01%、7.87%、6.73%和4.29%；其他县（市、区）均低于远堤均值，其中新安县和渑池县草地覆盖率不足1%，分别为0.85%和0.06%。下游区域涉及的17个县（市、区）中草地覆盖率除获嘉县和台前县外均高于远堤均值，获嘉县

和台前县草地覆盖率分别为3.12%和3.48%，草地覆盖率较高的县（市、区）中金水区、惠济区和龙亭区均在10%以上，分别为12.27%、10.39%和12.39%。

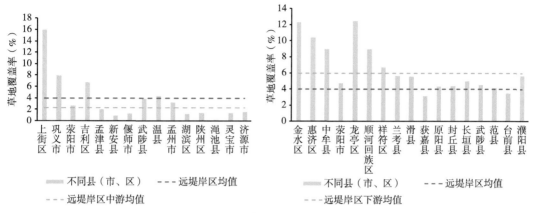

图3-26 远堤中游、下游区域草地覆盖率

3.2 生态环境质量及变化

3.2.1 自然生态空间覆盖率状况及变化

自然生态地表包括园地、林地、草地（稀疏灌丛、人工草地除外）、荒漠与裸露地和水域，一个国家或地区自然生态地表的多少是反映自然生态空间占有情况或者自然资源丰富程度的重要指标，是确定自然生态空间的经营和开发利用的重要依据之一。

自然生态空间覆盖率是指一个区域内的园地、林地、草地（稀疏灌丛、人工草地除外）、荒漠与裸露地和水域等自然生态地表覆盖面积占区域总面积的比重。自然生态空间覆盖率越高，表明区域总体的自然生态作用越强。

根据2015年河南省沿黄区域各市（县）来看，自然生态空间覆盖率差异悬殊。由图3-27所示，高于河南省自然生态空间覆盖率均值的有三门峡市、济源市、洛阳市、郑州市4个省辖市，其中三门峡市最高，为76.64%，是河南省自然生态空间覆盖率均值（37.62%）的2.04倍。低于河南省自然生态空间覆盖率均值的有焦作市、新乡市、濮阳市、开封市和滑县，其中滑县最低，为8.52%，不足河南省自然生态空间覆盖率均值的1/5，与最高自然生态空间覆盖率的三门峡市相比，滑县自然生态空间覆盖率仅为三门峡市的1/9。

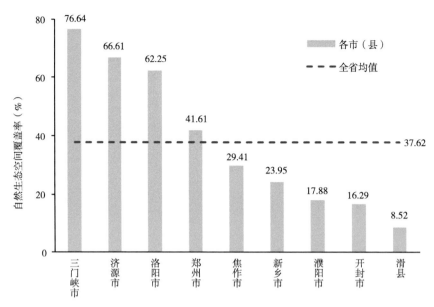

图3-27　河南省沿黄区域自然生态空间覆盖率

　　由图3-28所示，河南省沿黄区域自然生态空间覆盖率呈现西高东低、南高北低的空间分布规律。从空间分布来看，自然生态空间覆盖率较高区域主要集中在中西部地区的三门峡市、济源市、洛阳市、郑州市4个省辖市，其仅占全省沿黄区域面积58.54%的地区占了全省沿黄区域自然生态空间覆盖面积的80.89%。造成这种差异的原因主要与当地的地形地貌等自然因素、地理位置、经济社会发展水平等有关。从整体上看，位于黄河流域中游的豫西山区的地区自然生态空间覆盖率高，自然资产整体保有率高，但同时自然生态空间保护的压力也较大；黄河下游的东部平原地区是全国重要的粮食生产核心区，农业用地占较大比重，同时东部平原地区人口稠密，城镇建设用地以及交通建设用地扩张等也导致区域自然生态空间被大幅挤占，部分地区经济实力相对较弱，支撑生态环境建设力度不足，因此自然生态空间覆盖率较低。

　　2015—2019年，河南省沿黄区域自然生态空间面积减少了48.86平方千米，表明自然生态空间的挤占现象依然存在。河南省沿黄区域各市（县）中，只有洛阳市、济源市、开封市3个省辖市的自然生态空间覆盖率呈增长态势，其中洛阳市增长最多，为1.30%。三门峡市、郑州市、新乡市、焦作市、滑县、濮阳市5市1县的自然生态空间覆盖率呈降低趋势，其中三门峡市降低最多，为1.32%。三门峡市、郑州市、焦作市和新乡市自然生态空间降幅明显，存在人类活动对自然生态空间的侵占，应严格控制城市开发边界，加强自然生态空间管控，严守生态红线。

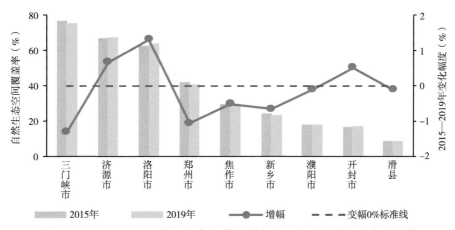

图3-28　2015—2019年河南省沿黄区域自然生态空间覆盖率变化趋势

总的来说，河南省沿黄区域经济发展需求与保持自然资产优势之间的矛盾问题依然突出，为避免走"先污染、后治理，先破坏、再恢复"的弯路，应因地制宜加大生态环境建设与保护力度，合理确定自然生态空间规模，实现经济与自然生态空间的协调发展。

3.2.2　植被指数状况及变化

归一化植被指数（Normalized Difference Vegetation Index，NDVI）是评价与分析植被生长与覆盖状况以及生态环境的主要指标之一。通过利用搭载于Terra卫星上的中分辨率成像光谱仪（MODIS）每16天以250米空间分辨率获得的三级数据产品，选取时段为2000—2019年生长季的7—9月，采用最大值合成的归一化植被指数（NDVI），对沿黄区域植被生态状况进行评估。

3.2.2.1　植被指数现状

由图3-29可知，2019年沿黄区域植被指数（NDVI）均值为0.74，远高于全省植被指数（NDVI）均值0.39，沿黄区域整体植被状况良好。在沿黄区域8市1县中，滑县植被指数（NDVI）最高，其次为三门峡市、开封市、洛阳市；郑州植被指数（NDVI）最低。在沿黄区域72个县（市、区）中，有22个县（市、区）高于沿黄区域整体平均值（表3-1）。

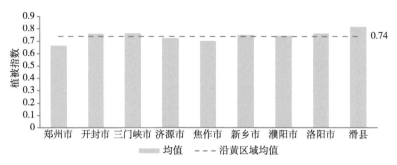

图3-29　2019年河南省沿黄区域植被指数状况

表3-1　2019年河南省沿黄区域植被指数状况

县（市、区）	均值	县（市、区）	均值	县（市、区）	均值	县（市、区）	均值
栾川	0.86	祥符区	0.75	伊川	0.69	上街区	0.59
嵩县	0.82	陕州区	0.74	博爱	0.68	惠济区	0.59
卢氏	0.82	孟州	0.74	义马	0.68	涧西区	0.59
滑县	0.81	灵宝	0.74	台前	0.68	红旗	0.58
延津	0.81	新乡	0.73	华龙	0.68	禹王台	0.58
封丘	0.80	范县	0.72	顺河	0.67	湖滨区	0.58
汝阳	0.80	济源	0.72	偃师	0.67	二七区	0.57
杞县	0.79	卫辉	0.72	新郑	0.67	卫滨区	0.56
清丰	0.79	温县	0.72	巩义	0.67	凤泉	0.55
尉氏	0.78	武陟	0.72	中牟	0.67	瀍河区	0.53
获嘉	0.78	登封	0.72	吉利	0.66	老城区	0.53
原阳	0.77	宜阳	0.72	荥阳	0.65	中原区	0.51
洛宁	0.76	辉县	0.72	洛龙区	0.65	金水	0.51
通许	0.76	修武	0.71	孟津	0.65	牧野区	0.51
濮阳	0.76	沁阳	0.71	中站区	0.63	解放区	0.50
兰考	0.75	新安	0.70	龙亭区	0.63	西工区	0.50
长垣	0.75	新密	0.70	鼓楼区	0.61	管城区	0.50
南乐	0.75	渑池	0.69	马村	0.60	山阳区	0.50

由图3-30可知，将沿黄区域植被指数（NDVI）取值分为低、较低、中、较高、高共5个等级，对应植被指数（NDVI）取值范围分别为0～0.2、0.2～0.4、0.4～0.6、0.6～0.8、0.8～1.0，2019年沿黄区域植被指数（NDVI）各等级占比中，较高等级占比最大，为45.98%；其次为高等级，为40.44%（图3-31）。

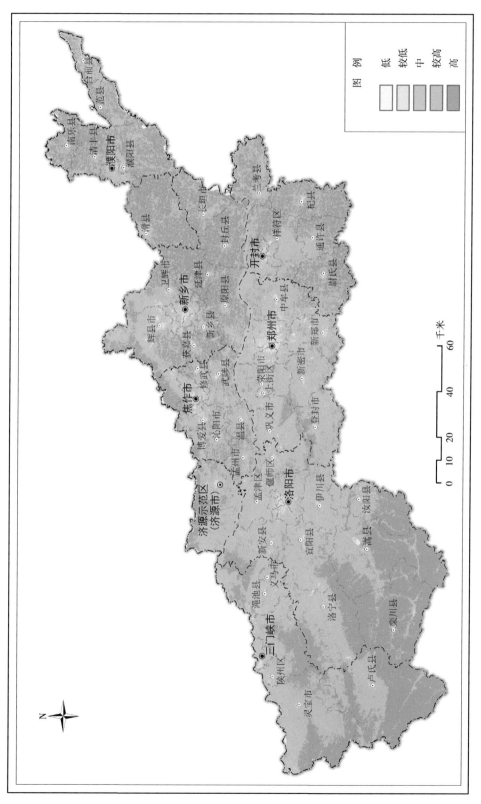

图3-30 2019年河南省沿黄区域植被指数空间分布

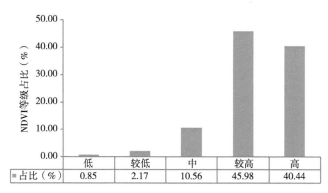

	低	较低	中	较高	高
■占比（%）	0.85	2.17	10.56	45.98	40.44

图3-31　2019年沿黄区域植被指数等级占比

3.2.2.2　植被指数的变化分析

植被指数作为生态环境状况指示性因子，其整体均值与空间变化能有效反映区域生态环境的时空变化特征。如表3-2所示，从整体均值来看，2000—2019年沿黄区域生长季植被指数提高了0.02，表明沿黄区域植被状况整体向好发展。通过对2000年和2019年的植被指数进行差值计算，并将结果按照指定间距划分3种类型，植被退化（<-0.05）、基本稳定（-0.05≤X≤0.05）及植被恢复（>0.05），同时将植被退化和植被恢复按照中度退化（<-0.2）、轻度退化（-0.2≤X<-0.05）、轻度恢复（0.05<X≤0.1）、中度恢复（0.2<X≤0.3）和明显恢复（>0.3）进行划分，得到近19年间不同程度植被变化面积。

表3-2　2000—2019年河南省沿黄区域植被指数变化面积占比

变化类型	植被退化		基本稳定	植被恢复		
变化程度	中度	轻度	基本稳定	轻度	中度	明显
面积占比（%）	3.77	15.39	40.64	37.32	2.00	0.87

从植被指数的面积变化可以看出，近19年间，植被恢复区面积占比约为植被退化区面积占比的2倍，表明沿黄区域植被恢复较为明显。植被恢复面积占沿黄区域面积的40.20%，其中轻度恢复占沿黄区域面积的37.32%，中度恢复与明显恢复的面积占比分别为2.00%和0.87%。

如图3-32所示，从空间分布来看，植被退化区域主要分布在城市及周边地区，其中植被中度退化在郑州、新乡、洛阳、焦作、济源、开封、濮阳的市区区域较为集中分布。植被恢复区域主要分布在伏牛山、崤山、熊耳山、外方山、王屋山、太行山及沿黄河两岸区域。中度、明显恢复区集中分布在濮阳县、延津县、原阳县等黄河故道风沙化土地区域及黄河下游堤内滩区。

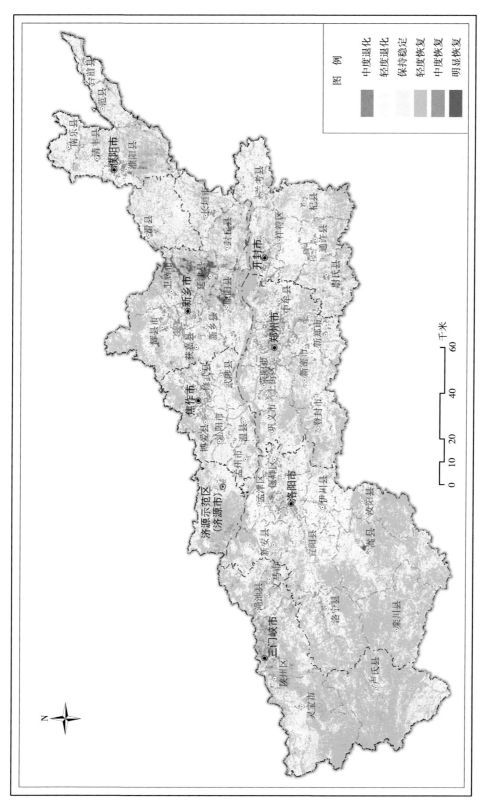

图3-32 2000—2019年河南省沿黄区域植被指数空间变化

3.2.3　森林生态系统质量及其变化

叶面积指数（Leaf Area Index，LAI）又叫叶面积系数，是指单位土地面积上植物叶片总面积占土地面积的倍数。叶面积指数是生态系统的一个重要结构参数，用来反映植物叶面数量、冠层结构变化、植物群落生命活力及其环境效应，为植物冠层表面物质和能量交换的描述提供结构化的定量信息，并在生态系统碳积累、植被生产力和土壤、植物、大气间相互作用的能量平衡，植被遥感等方面起重要作用。

由于LAI缺失2000年1—4月数据，因此基于年叶面积指数（LAI）开展2019年森林生态系统质量及2005—2019年变化评估。评估结果表明，沿黄区域森林生态系统质量现状较好，15年间整体质量不断提升，局部区域有所降低。

3.2.3.1　森林生态系统质量现状

由表3-3和图3-33可知，2019年沿黄区域森林生态系统叶面积指数（LAI）均值为2.66，沿黄区域森林生态系统质量整体较高。在沿黄区域8市1县中，洛阳市森林生态系统叶面积指数（LAI）最高，其次为新乡市、开封市、济源市，滑县森林生态系统叶面积指数最低。在沿黄区域72个县（市、区）中，有28个县（市、区）高于沿黄区域整体平均值。

表3-3　2019年河南省沿黄区域森林生态系统叶面积指数状况

县（市、区）	均值	县（市、区）	均值	县（市、区）	均值	县（市、区）	均值
山阳区	3.47	辉县	2.73	新郑	2.59	解放区	2.38
鼓楼区	3.13	原阳	2.72	获嘉	2.58	灵宝	2.38
龙亭区	3.10	孟州	2.72	红旗	2.55	巩义	2.37
卫滨区	3.07	济源	2.69	马村	2.55	沁阳	2.33
凤泉	3.02	卫辉	2.69	长垣	2.53	惠济区	2.31
上街区	3.01	登封	2.69	管城区	2.52	中牟	2.26
清丰	2.94	武陟	2.67	伊川	2.52	中原区	2.23
义马	2.90	陕州区	2.67	荥阳	2.50	华龙	2.12
洛宁	2.89	卢氏	2.67	新乡	2.49	涧西区	2.05
汝阳	2.86	宜阳	2.66	偃师	2.47	牧野区	1.97
杞县	2.85	温县	2.64	渑池	2.46	老城区	1.81
新安	2.84	孟津	2.64	祥符区	2.46	金水	1.79

（续表）

县（市、区）	均值	县（市、区）	均值	县（市、区）	均值	县（市、区）	均值
延津	2.82	台前	2.64	中站区	2.42	顺河	1.74
封丘	2.81	通许	2.61	滑县	2.42	瀍河区	1.73
嵩县	2.80	新密	2.61	博爱	2.42	二七区	1.69
栾川	2.79	南乐	2.60	范县	2.42	湖滨区	1.56
兰考	2.78	修武	2.60	濮阳	2.39	禹王台	1.55
尉氏	2.74	洛龙区	2.59	吉利	2.39	西工区	1.35

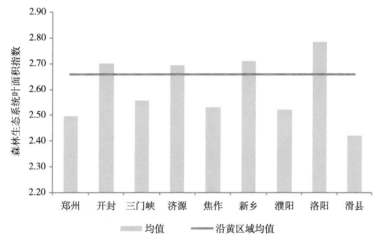

图3-33　2019年河南省沿黄区域森林生态系统叶面积指数状况

由图3-34和图3-35可知，将森林生态系统叶面积指数（LAI）取值分为低、较低、中、较高、高共5个等级，对应叶面积指数（LAI）取值范围分别为0~1、1~2、2~3、3~4、4~∞，2019年沿黄区域森林生态系统叶面积指数（LAI）各等级占比较为均等，其中，高等级占比最大，为24.68%。

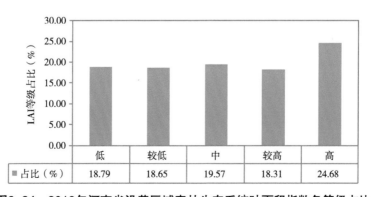

	低	较低	中	较高	高
■占比（%）	18.79	18.65	19.57	18.31	24.68

图3-34　2019年河南省沿黄区域森林生态系统叶面积指数各等级占比

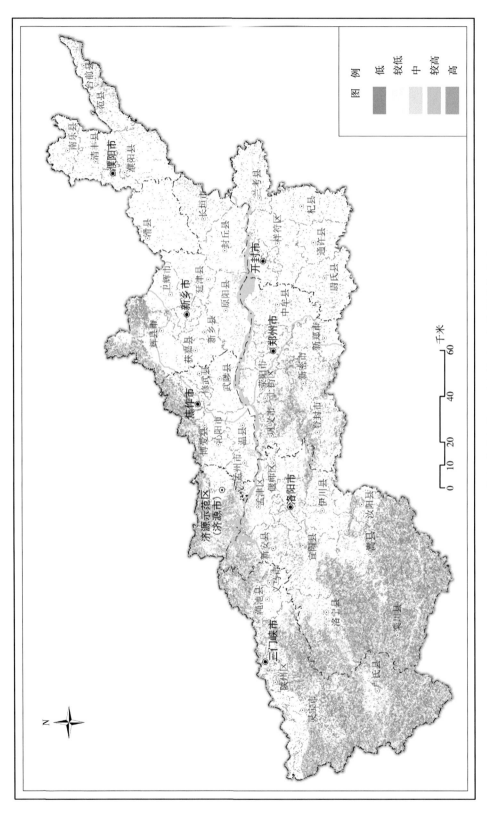

图3-35 2019年河南省沿黄区域森林叶面积指数空间分布

3.2.3.2 森林生态系统质量变化分析

2005—2019年，沿黄区域森林生态系统叶面积指数（LAI）均值整体呈现提升趋势明显，叶面积指数（LAI）均值提高了0.23（图3-36、图3-37）。在叶面积指数（LAI）分级变化中，叶面积指数（LAI）提升区域占沿黄区森林生态系统总面积的39.83%，降低区域占22.78%，其他区域则基本保持稳定（图3-38）。2005年以来，河南省组织实施了天然林保护、退耕还林、重点地区防护林建设等国家林业重点工程，启动了山区生态体系、生态廊道网络建设、环城防护林和村镇绿化等一批省级林业重点生态工程，大力开展义务植树活动，积极创建林业生态省，各项林业工作都取得了明显成效。

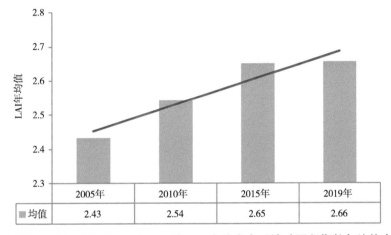

图3-36 2005—2019年河南省沿黄区域森林生态系统叶面积指数年均值变化

图3-37 2005—2019年河南省沿黄区域森林叶面积指数空间变化

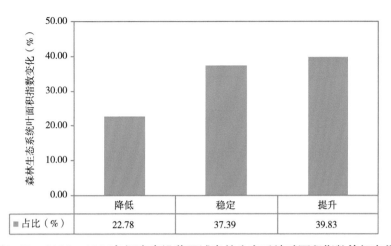

图3-38　2005—2019年河南省沿黄区域森林生态系统叶面积指数等级变化

3.3　自然保护区生态状况及变化

3.3.1　基本情况

河南省沿黄河有自然保护区5个，其中国家级自然保护区有2个，分别为河南黄河湿地国家级自然保护区和新乡鸟类湿地国家级自然保护区；省级自然保护区有3个，分别为河南郑州黄河湿地省级自然保护区、开封柳园口省级湿地自然保护区、濮阳县黄河湿地省级自然保护区（表3-4）。

河南黄河湿地国家级自然保护区2003年建立，涉及三门峡、洛阳、焦作、济源4个地市，地理坐标为北纬34° 33′59″～35° 05′01″，东经110° 21′49″～112° 48′15″，保护区总面积68 000公顷，核心区面积20 830公顷，缓冲区面积8 900公顷，实验区面积38 270公顷，主要保护对象为黄河湿地生态系统及其珍稀濒危野生水禽。保护区内水域广阔，鸟类众多，野生动植物资源丰富，有各种鸟类175种，兽类12种，两栖爬行类14种，鱼32种，植物745种。在鸟类中属国家重点保护的珍稀鸟类有41种，其中一级有黑鹳、白鹳、金雕、大鸨等10种，二级有苍鹭、白鹭、灰雁等31种。

河南新乡黄河湿地鸟类国家级自然保护区位于河南省新乡市，由封丘县、长垣县境内的黄河滩涂、背河洼地组成，初建于1988年，当时为省级天鹅自然保护区，面积3 030公顷。1996年11月国务院批准建立"河南豫北黄河故道湿地鸟类国家级自然保护区"，总面积22 780公顷，其中核心区面积7 973公顷，缓冲区面积7 290公顷，实验区面积7 517公顷，主要依托黄河水体及侧渗、天然降水供给，为黄河下游平原人口稠密区交通发达地带遗存下来的不可多得的一块湿地，是候鸟迁徙的重要通道和冬候鸟的越冬北界，主要保护对象为珍稀候鸟和栖息地。

表3-4 河南省沿黄河自然保护区基本情况

序号	保护区名称	范围	行政区域	批建时间与批建文号	范围或功能区调整时间和文号	面积（公顷）			
						总面积	核心区	缓冲区	实验区
1	河南黄河湿地国家级自然保护区	东经110° 21'49" ~ 112° 48'15"，北纬34° 33'59" ~ 35° 05'01"	孟州市、灵宝市、渑池县、陕县、新安县、孟津县、吉利区、偃师市	国办发[2003] 54号	国办发[2003]54号	63 910	20 732	8 927	34 251
2	河南新乡鸟类湿地国家级自然保护区	东经114° 13'53" ~ 114° 52'30"，北纬34° 53'13" ~ 35° 06'21"	封丘县、长垣县	国函[1996]113号	2008年国办函[2008]18号	22 780	7 973	7 290	7 157
3	河南郑州黄河湿地省级自然保护区	东经112° 48' ~ 114° 14'，北纬34° 48' ~ 35° 00'	巩义、荥阳、惠济、金水、郑东新区、中牟	豫政文[2004]215号	豫政文[2017]169号	37 441.4	9 838.7	2 886.2	24 716.5
4	开封柳园口湿地省级自然保护区	东经114° 12' ~ 114° 52'，北纬34° 33' ~ 35° 01'	开封市城乡一体化示范区、龙亭区、祥符区和兰考县	豫政文[1994]161号	豫政文[2017]171号	16 308.5	4 894.8	458.6	10 955.1
5	濮阳县黄河湿地省级自然保护区	东经115° 00'01" ~ 115° 17'9"，北纬35° 20'50" ~ 35° 28'23"	濮阳县	豫政文[2007]210号	豫政文[2017]170号	3 301.7	1 845.6	550.6	905.5

郑州黄河湿地省级自然保护区位于郑州市北部，保护区西起巩义市的康店镇曹柏坡村，东到中牟县狼城岗镇的东狼城岗村。由西至东分跨巩义市、荥阳市、惠济区、金水区、中牟县的15个乡镇。总面积37 441.4公顷，其中核心区面积9 838.7公顷，缓冲区面积2 886.2公顷，实验区面积24 716.5公顷。保护区内有陆生野生脊椎动物217种，其中鸟类169种，兽类21种，两栖类10种，爬行类17种。其中，国家一级重点保护动物有黑鹳、东方白鹳、大鸨、白尾海雕、金雕、白肩雕、玉带海雕、白头鹤、丹顶鹤、白鹤共10种；国家二级重点保护动物有角䴙䴘、白鹈鹕、斑嘴鹈鹕、黄嘴白鹭、白琵鹭、白额雁、大天鹅、小天鹅、鸳鸯、鸢、苍鹰、雀鹰、松雀鹰、大鵟、普通鵟、乌雕、秃鹫、白尾鹞、鹊鹞、白头鹞、鹗、游隼、红脚隼、红隼、灰鹤、蓑羽鹤、领角鸮、雕鸮、纵纹腹小鸮、长耳鸮、短耳鸮、水獭共32种；属中日候鸟保护协定中保护的鸟类有79种，属中澳候鸟保护协定中保护的鸟类有23种。

河南开封柳园口湿地省级自然保护区为湿地生态及鸟类类型自然保护区，总面积16 308.5公顷，其中核心区面积4 894.8公顷，缓冲区面积458.6公顷，实验区面积10 955.1公顷。主要生态环境为河流、滩涂湿地，是亚洲候鸟迁徙的中线，每年都有大量水禽在此越冬或中途停歇。据有关资料和实地调查，区内仅冬季水禽就有54种，分属于6目10科23属，其中留鸟10种，冬候鸟41种、旅鸟3种。数量较大的种类为鸭科、秧鸡科、鸥科。区内共有保护动物69种，属国家级和省级保护的动物有42种。其中，一级保护动物有8种（黑鹳、白鹳、丹顶鹤、白鹤、白头鹤、小鸨、大鸨、金雕），二级保护动物有28种，省级保护动物有33种。

濮阳县黄河湿地省级自然保护区地属黄河下游的上段，位于河南省濮阳县南部沿黄滩区，地跨渠村乡、郎中乡、习城乡3个乡，东西长12.5千米，南北跨度3~4千米，总面积3 301.7公顷，其中核心区面积1 845.6公顷，缓冲区面积550.6公顷，实验区905.5公顷。主要保护对象为珍稀濒危鸟类等野生动植物及湿地环境。保护区内有脊椎动物142种，鸟类120种，兽类6种，两栖类9种，爬行类7种。其中，国家一级重点保护动物有大鸨、白尾海雕、金雕、白肩雕、玉带海雕、白鹤8种，国家二级重点保护动物有大天鹅、小天鹅、黄嘴白鹭、乌雕鸮、白额雁、灰雁鸽等30种。

3.3.2 生态状况变化

3.3.2.1 自然生态空间面积出现萎缩态势

如表3-5所示，河南省沿黄河自然保护区自然生态空间总面积从2015年监测的580.352 9平方千米减少至2019年监测的552.394 9平方千米，面积减少了4.82%；从自然生态空间面积与保护区总面积比例而言，由2015年的40.37%减至2019年的38.43%，减少了1.95%。

如表3-5所示，2015—2019年河南省沿黄河自然保护区自然生态空间中，森林生态系统、草地生态系统、荒漠与裸露地出现不同幅度的减少，其中草地生态系统面积减少最大，为22.673 1平方千米，减少面积占草地生态系统总面积的25.47%；其次为森林生态系统，面积减少18.371 5平方千米，减少面积占森林生态系统总面积的16.35%。水域面积出现增长，增长面积21.463 5平方千米，增加面积占总水域面积的6.89%。

河南省沿黄河5个自然保护区中，河南郑州黄河湿地省级自然保护区自然生态空间面积减少最大，从2015年监测的177.109 4平方千米降至2019年监测的163.889 6平方千米，减少了13.219 8平方千米，减少面积占该自然保护区总面积的3.53%；其次为河南黄河湿地国家级自然保护区，从2015年监测的274.631 5平方千米降至2019年监测的265.516 8平方千米，减少了9.114 8平方千米，减少面积占该自然保护区总面积的1.43%；开封柳园口湿地省级自然保护区自然生态空间较少幅度最小，为0.863 5平方千米，减少面积占该自然保护区总面积的0.53%。

表3-5 河南省沿黄河自然保护区自然生态空间面积变化

自然保护区	类型	面积（平方千米）		
		2015年	2019年	变化
河南黄河湿地国家级自然保护区	森林生态系统	77.771 3	64.518 3	−13.253
	草地生态系统	23.598 7	16.122 4	−7.476 3
	荒漠与裸露地	5.437 2	4.412 5	−1.024 6
	水域	167.824 4	180.463 6	12.639 2
	小计	274.632 0	265.517	−9.114 8
河南新乡鸟类湿地国家级自然保护区	森林生态系统	9.628 3	7.333 9	−2.294 4
	草地生态系统	13.243 1	9.642 7	−3.600 4
	荒漠与裸露地	1.235 9	7.409 2	6.173 3
	水域	24.599 3	21.752 1	−2.847 2
	小计	48.706 6	46.137 9	−2.568 7
河南郑州黄河湿地省级自然保护区	森林生态系统	15.833 5	12.412 7	−3.420 8
	草地生态系统	32.912 4	26.388 1	−6.524 3
	荒漠与裸露地	53.910 4	38.380 3	−15.530 1
	水域	74.453 1	86.708 5	12.255 4
	小计	177.109	163.89	−13.22

（续表）

自然保护区	类型	面积（平方千米）		
		2015年	2019年	变化
开封柳园口湿地省级自然保护区	森林生态系统	8.224 2	9.006 8	0.782 6
	草地生态系统	18.201 3	13.746 0	−4.455 3
	荒漠与裸露地	3.709 5	8.176 0	4.466 5
	水域	42.040 3	40.383 0	−1.657 3
	小计	72.175 3	71.311 8	−0.863 5
濮阳县黄河湿地省级自然保护区	森林生态系统	0.908	0.722 1	−0.185 9
	草地生态系统	1.053 0	0.436 2	−0.616 8
	荒漠与裸露地	3.229 5	0.767 6	−2.461 9
	水域	2.539 6	3.613 0	1.073 4
	小计	7.730 1	5.538 9	−2.191 2
总计		580.352 9	552.394 9	−27.958

3.3.2.2 种植土地面积呈现增长趋势

河南省沿黄河自然保护区种植土地总面积从2015年监测的591.152 9平方千米增加至2019年监测的614.441 4平方千米，面积增加了3.94%；从种植土地总面积与保护区总面积比例而言，由2015年的41.13%增至2019年的42.75%，增长1.62%。因此，河南省沿黄河自然保护区内种植土地面积呈现增长变化（表3-6）。

河南省沿黄河5个自然保护区中，河南郑州黄河湿地省级自然保护区种植土地面积增加最大，从2015年监测的186.647 9平方千米增加至2019年监测的197.283 9平方千米，增加了10.636 0平方千米，增加面积占该自然保护区总面积的2.84%；其次为河南黄河湿地国家级自然保护区，从2015年监测的149.595 1平方千米增加至2019年监测的155.959 2平方千米，增加了6.364 1平方千米，增加面积占该自然保护区总面积的1.00%；河南新乡鸟类湿地国家级自然保护区种植土地面积增加幅度最小，为1.981 2平方千米，增加面积占该自然保护区总面积的0.87%（表3-6）。

表3-6　河南省沿黄河自然保护区种植土地面积变化

自然保护区	面积（平方千米）		
	2015年	2019年	变化
河南黄河湿地国家级自然保护区	149.595 1	155.959 2	6.364 1
河南新乡鸟类湿地国家级自然保护区	160.758 9	162.740 1	1.981 2
河南郑州黄河湿地省级自然保护区	186.647 9	197.283 9	10.636
开封柳园口湿地省级自然保护区	83.263 5	85.294 5	2.031 0
濮阳县黄河湿地省级自然保护区	10.887 5	13.163 67	2.276 17
总计	591.152 9	614.441 4	23.288 5

3.3.2.3　人工表面面积快速增长

河南省沿黄河自然保护区人工表面总面积从2015年监测的37.079 0平方千米增加至2019年监测的41.706 0平方千米，面积增加了12.48%；数量从2015年监测的5 856处增加至2019年监测的7 160处，数量增加了22.2%。从人工表面总面积与保护区总面积比例而言，由2015年的2.58%增至2019年的2.90%，增长了12.48%。可见，河南省沿黄河自然保护区内人类活动的数量与规模呈现扩张态势（表3-7）。

河南省沿黄河5个自然保护区中，除开封柳园口省级湿地自然保护区、濮阳县黄河湿地省级自然保护区人工表面面积减少外，其他3个自然保护区人工表面面积增加，其中河南黄河湿地国家级自然保护区人工表面面积增加最大，从2015年监测的17.564 6平方千米增加至2019年监测的20.315 14平方千米，增加了2.750 8平方千米，增加面积占该自然保护区总面积的0.43%；其次为河南郑州黄河湿地省级自然保护区，从2015年监测的9.956 0平方千米增加至2019年监测的12.540 0平方千米，增加了2.584 0平方千米，增加面积占该自然保护区总面积的0.69%（表3-7）。

表3-7　河南省沿黄河自然保护区人工地表面积变化

自然保护区	2015年		2019年		变化	
	斑块数（个）	面积（平方千米）	斑块数（个）	面积（平方千米）	斑块数（个）	面积（平方千米）
河南黄河湿地国家级自然保护区	3 040	17.564 6	3 350	20.315 4	310	2.750 8

（续表）

自然保护区	2015年		2019年		变化	
	斑块数（个）	面积（平方千米）	斑块数（个）	面积（平方千米）	斑块数（个）	面积（平方千米）
河南新乡鸟类湿地国家级自然保护区	551	4.246 2	695	4.790 7	144	0.544 5
河南郑州黄河湿地省级自然保护区	1 634	9.956 0	2 291	12.540 0	657	2.584 0
开封柳园口湿地省级自然保护区	582	5.024 3	771	3.856 9	189	−1.167 4
濮阳县黄河湿地省级自然保护区	49	0.287 9	53	0.203 0	4	−0.084 9
总计	5 856	37.079 0	7 160	41.706 0	1 304	4.627 0

3.3.2.4 露天采掘场生态破坏依然存在

河南省沿黄河自然保护区露天采掘场总面积从2015年监测的4.691 6平方千米减少至2019年监测的1.638 5平方千米，面积减少了65.08%；数量从2015年监测的115处减少至2019年监测的55处，数量减少了52.17%。从露天采掘场总面积与保护区总面积比例而言，由2015年的0.33%降至2019年的0.11%，减少了12.48%。

2015—2015年河南省沿黄河5个自然保护区中，河南黄河湿地国家级自然保护区、濮阳县黄河湿地省级自然保护区、开封柳园口省级湿地自然保护区露天采掘场面积出现减少。其中，河南黄河湿地国家级自然保护区露天采掘场减少最大，从2015年监测的2.727 4平方千米降至2019年监测的0.096 4平方千米，减少了2.631 0平方千米，面积减少了94.47%；斑块数量由51个减少至4个，数量减少了92.16%，自然保护区内露天采掘场得到明显遏制，"绿盾"自然保护区监督检查专项行动成效显著。但河南新乡鸟类湿地国家级自然保护区、河南郑州黄河湿地省级自然保护区露天采掘场面积出现小幅度增长，其中河南新乡鸟类湿地国家级自然保护区露天采掘场面积增长0.104 0平方千米，斑块数量由7个增至12个，增加了5个（表3-8）。

表3-8 河南省沿黄河自然保护区露天采掘场面积变化

自然保护区	2015年		2019年		变化	
	斑块数（个）	面积（平方千米）	斑块数（个）	面积（平方千米）	斑块数（个）	面积（平方千米）
河南黄河湿地国家级自然保护区	51	2.727 4	4	0.096 4	-47	-2.631 0
河南新乡鸟类湿地国家级自然保护区	7	0.302 1	12	0.406 1	5	0.104 0
河南郑州黄河湿地省级自然保护区	15	0.209 2	7	0.225 4	-8	0.016 2
开封柳园口湿地省级自然保护区	40	0.787 9	29	0.778 6	-11	-0.009 3
濮阳县黄河湿地省级自然保护区	2	0.665 0	3	0.132 0	1	-0.533 0
总计	115	4.691 6	55	1.638 5	0	-3.053 1

3.4 本章小结

通过对沿黄区域和岸边带区域开展自然生态系统格局、质量及自然保护区生态状况等方面的分析，得出如下结论。

3.4.1 沿黄区域各自然生态系统类型多样，空间分布不均衡

沿黄区域不同自然生态系统中林地、草地、湿地和裸露地的覆盖率分别为36.12%、2.61%、2.01%和0.56%。林地以阔叶林和阔叶灌木林为主，草地以高覆盖度草地为主，湿地类型包括河流和水渠，以河流为主，裸露地中以砾石地表为主。沿黄区域不同自然生态系统的空间分布上林地主要分布在黄河中游区域，草地和湿地黄河下游区域高于中游区域，裸露地中游区域整体高于下游区域。2015—2019年沿黄各市（县）林地覆盖率均有所下降，草地覆盖率有所提高，湿地覆盖率呈增加趋势，裸露地覆盖率呈下降趋势。

3.4.2 沿黄岸边带随着沿河岸距离的增加，林草覆盖率呈先增后减变化趋势；中游林地覆盖率高于下游，下游草地生态系统高于中游

沿黄河高水位到大堤外5千米岸边带内林地覆盖率为22.17%，低于整个沿黄区域的林地覆盖率近14个百分点。草地覆盖率为4.09%，高于整个沿黄区域的草地覆盖率。随着沿河岸距离的增加，堤内区、近堤岸区和远堤岸区林地覆盖率和草地覆盖率均呈先增加后降低的趋势。林地和草地在整个带状区域内空间分布不均，中游区域林地覆盖率整体高于下游区域，草地覆盖率整体低于下游区域。中游区域堤内区、近堤岸区和远堤岸区林地覆盖率随着沿河距离的增加先增加后减少，草地覆盖率则随着沿河距离的增加先减少后增加。下游区域堤内区、近堤岸区和远堤岸区林地覆盖率随着沿河距离的增加呈降低趋势，草地覆盖率随着沿河距离的增加先增加后减少。林地覆盖率和草地覆盖率近堤岸区和远堤岸区中游和下游的变化趋势较为相似，中游涉及的县（市、区）和下游涉及的县（市、区）与堤内区域相比差异更为明显。

3.4.3 沿黄区域自然生态空间覆盖率整体较高，存在降低趋势

河南省沿黄区域自然生态空间覆盖率整体高于全省平均水平，约为1.19倍；在空间分布上，整体呈现出西高东低、南高北低的空间分布规律，三门峡市最高，滑县最低。2015—2019年河南省沿黄区域自然生态空间面积减少了48.86平方千米，表明河南省沿黄区域经济发展对自然生态空间的挤占现象依然存在。

3.4.4 沿黄区域自然生态质量高，自然植被状况整体向好发展

2019年沿黄区域植被指数（NDVI）均值为0.74，远高于全省植被指数（NDVI）均值0.39，沿黄区域整体植被状况良好。沿黄区域植被指数（NDVI）各等级占比中，较高等级占比最大，为45.98%；其次为高等级，为40.44%。2000—2019年，植被恢复面积占沿黄区域面积的40.20%，其中轻度恢复占沿黄区域面积的37.32%，中度恢复与明显恢复的面积占比分别为2.00%和0.87%，主要分布在伏牛山、嵩山、熊耳山、外方山、王屋山、太行山及沿黄河两岸区域。

3.4.5 沿黄区域森林生态系统整体质量不断提升，局部区域有所降低

2019年沿黄区域森林生态系统叶面积指数（LAI）均值为2.66，沿黄区域森林生态系统质量整体较高。2005—2019年，沿黄区域森林生态系统叶面积指数（LAI）均值整体呈现提升趋势明显，叶面积指数（LAI）均值提高了0.23。在叶面积指数

（LAI）分级变化中，叶面积指数（LAI）提升区域占沿黄区森林生态系统总面积的39.83%，降低区域占22.78，其他区域则基本保持稳定。

3.4.6 沿黄区域自然保护区人类活动强度增加，露天采掘场面积减少，但生态破坏依然存在

河南省沿黄河自然保护区自然生态空间总面积从2015年监测的580.35平方千米减少至2019年监测的552.39平方千米，面积减少了4.82%。种植土地总面积从2015年监测的591.15平方千米增加至2019年监测的614.44平方千米，面积增加了3.94%。人工表面总面积从2015年监测的37.08平方千米增加至2019年监测的41.71平方千米，面积增加了12.48%。露天采掘场总面积从2015年监测的4.69平方千米减少至2019年监测的1.64平方千米，面积减少了65.08%；数量从2015年监测的115处减少至2019年监测的55处，数量减少了52.17%；但河南新乡鸟类湿地国家级自然保护区、河南郑州黄河湿地省级自然保护区露天采掘场面积出现小幅度增长，地表植被破坏现象依然存在。

4 国土空间开发及城乡建设

合理的国土空间开发对统筹区域城乡空间发展、配置空间资源、指导城乡规划和建设管理、优化城市开发格局、促进地区可持续发展具有重要意义。本章基于地理国情普查数据及相关统计资料，分析了国土开发强度、经济密度、人口密度等国土空间开发的基本特征指标，运用空间相关分析方法进一步分析了三者在空间上的相关性。通过对房屋建筑区、农村房屋建筑区及交通建设为主要指标数据，分析河南省沿黄区域城乡建设状况。

4.1 国土空间开发基本特征

4.1.1 国土空间开发强度

开发强度指一个区域建设空间占该区域总面积的比例。建设空间包括城镇建设用地、独立工矿、农村居民点、交通、水利设施、其他建设用地等。本报告以地理国情普查中的房屋建筑（区）替代城镇建设用地和农村居民点，以人工堆掘地替代独立工矿，以构筑物替代水利设施以及其他建设用地。

4.1.1.1 河南省沿黄区域开发强度

河南省沿黄区域开发强度显著高于全省水平，黄河下游区域显著高于中游区域。形成了明显的空间聚集特征，开发强度在空间上形成了以郑州市、焦作市为中心的中部高值区，郑州市开发强度最高为29.01%，以郑州为中心，开发强度呈现圈层集聚的特征。河南省沿黄区域面积为59 229.46平方千米，2019年建设用地总面积为9 380.99平方千米，开发强度为15.84%，高于全省13.60%的平均水平。2015—2019年的5年间建设用地总面积增加了1 204.37平方千米，国土开发强度也由2015年的13.80%提高到15.84%（图4-1）。从空间上来看，开发强度高的省辖市是郑州市、焦作市、濮阳市，2019年开发强度分别达到29.01%、22.93%和21.27%，高于沿黄区域平均水平的还有新乡市、开封市，开发强度分别为18.15%、17.96%。洛阳市、济源市、三门峡市的开发强度低于区域平均水平。2015—2019年开发强度增加最大的是郑州市，5年间开发强度提高了4.79%，其次是濮阳市，开发强度提高了3.05%；济源市和三门峡市的开发强度增加量最小，分别提高了0.53%、0.89%。

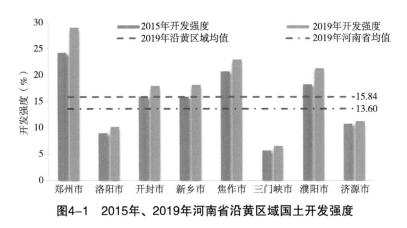

图4-1　2015年、2019年河南省沿黄区域国土开发强度

4.1.1.2　河南省沿黄区域国土开发强度差异

按照河南省沿黄区域72个县（市、区）的国土开发强度，将其划分为5个等级。高（>50%），共12个县（市、区）；较高（20%～50%），共29个县（市、区）；中等（10%～20%），共22个县（市、区）；较低（5%～10%），共5个县（市、区）；较低（5%～10%），共4个县（市、区）。

——区域国土开发强度差异明显。最高的为郑州市中原区，凭借着交通便利、设施完善以及郑州国家高新技术产业开发区、郑州市奥体中心的建设，2019年开发强度高达72.51%，较2015年提高了12.01%。最低的为三门峡卢氏县，森林覆盖率达到69.34%，卢氏县作为国家主体功能区建设试点示范县，限制进行大规模、高强度工业化、城镇化开发，开发强度仅为2.66%。如图4-2、表4-1所示，郑州市各县（区）整体开发强度普遍较高，开发强度最小的为登封市（15.17%），最大的为中原区（72.51%），中位值为39.145%。洛阳市开发强度最小的为栾川县（4.19%），开发强度最大的为瀍河回族区（64.04%），中位值为17.79%。全区域开发强度最小的为卢氏县，开发强度为2.66%。

——沿黄区域国土开发强度差异明显，开发强度空间分布呈现下游区域高于中游区域。如图4-3、图4-4所示为河南省沿黄区域开发强度空间分异及2015—2019年开发强度变化状况，开发强度大于50%的高值区域集中在郑州市、洛阳市、焦作市、新乡市市辖区；介于20%～50%的高值区主要集中在郑州市、焦作市各县（市、区）以及濮阳的台前县、范县等区域；开发强度小与5%的区域主要分布在三门峡的卢氏县以及洛阳市的洛宁县、嵩县和栾川县。开发强度变化以郑州市为中心向外围逐级递减，开发强度增加大于6%的区域主要集中在郑州市市辖区及新密市、中牟县；洛阳市、三门峡市大部分县（市、区）开发强度增加值低于1.5%。

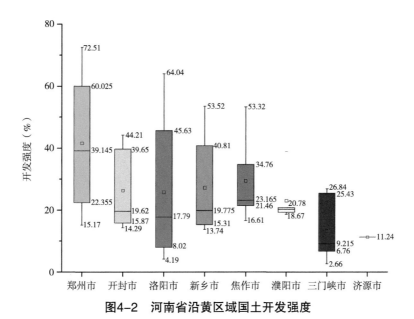

图4-2 河南省沿黄区域国土开发强度

表4-1 2015年、2019年河南省沿黄区域国土开发强度及变化

	县（市、区）	2019年	2015年	变化		县（市、区）	2019年	2015年	变化
郑州市	中原区	72.51	60.49	12.01	新乡市	红旗区	49.12	42.53	6.58
	二七区	54.76	47.54	7.22		卫滨区	50.05	47.90	2.15
	管城回族区	68.85	63.36	5.49		凤泉区	32.50	30.59	1.91
	金水区	65.29	58.75	6.53		牧野区	53.52	50.54	2.98
	上街区	51.56	47.14	4.42		新乡县	25.36	22.99	2.37
	惠济区	43.46	34.57	8.89		获嘉县	19.40	17.12	2.28
	中牟县	29.27	21.33	7.94		原阳县	17.71	14.39	3.32
	巩义市	19.16	17.37	1.79		延津县	15.29	13.53	1.76
	荥阳市	22.80	19.18	3.62		封丘县	14.51	12.69	1.83
	新密市	21.92	18.53	3.39		长垣县	20.15	18.23	1.92
	新郑市	34.83	28.05	6.78		卫辉市	15.33	13.31	2.02
	登封市	15.17	13.48	1.69		辉县市	13.74	11.80	1.94

（续表）

	县（市、区）	2019年	2015年	变化		县（市、区）	2019年	2015年	变化
开封市	龙亭区	31.11	27.16	3.95	焦作市	解放区	51.66	50.51	1.15
	顺河回族区	39.65	36.80	2.84		中站区	28.86	25.62	3.23
	鼓楼区	39.77	34.28	5.49		马村区	34.76	30.97	3.79
	禹王台区	44.21	40.12	4.08		山阳区	53.32	47.11	6.21
	祥符区	14.30	13.20	1.10		修武县	16.61	15.14	1.47
	杞县	15.44	14.47	0.97		博爱县	23.92	22.05	1.87
	通许县	15.87	14.90	0.97		武陟县	21.71	19.20	2.51
	尉氏县	16.55	14.59	1.97		温县	21.46	19.39	2.08
	兰考县	19.62	15.49	4.14		沁阳市	22.41	20.43	1.98
洛阳市	老城区	58.55	57.69	0.86		孟州市	19.95	17.56	2.39
	西工区	58.70	58.12	0.57	濮阳市	华龙区	38.90	35.56	3.34
	瀍河回族区	64.04	61.09	2.95		清丰县	19.25	16.39	2.86
	涧西区	45.63	43.77	1.86		南乐县	20.13	17.99	2.14
	吉利区	27.66	23.14	4.53		范县	20.78	17.75	3.04
	洛龙区	32.94	30.72	2.22		台前县	20.47	16.26	4.20
	孟津县	17.80	15.53	2.27		濮阳县	18.67	15.53	3.14
	新安县	11.88	10.99	0.89	三门峡市	湖滨区	25.43	22.64	2.79
	栾川县	4.19	3.83	0.36		陕州区	8.96	7.52	1.44
	嵩县	4.59	3.92	0.67		渑池县	9.47	8.50	0.97
	汝阳县	8.02	6.31	1.71		卢氏县	2.66	2.14	0.52
	宜阳县	9.45	8.15	1.30		义马市	26.84	26.82	0.02
	洛宁县	4.93	4.13	0.80		灵宝市	6.76	5.84	0.92
	伊川县	17.13	14.78	2.35		济源市	11.24	10.71	0.53
	偃师市	21.91	18.79	3.12		滑县	18.00	16.62	1.37

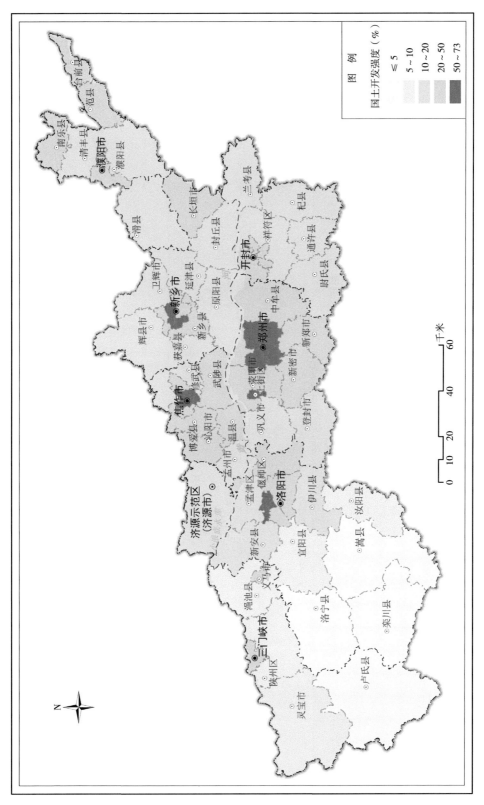

图4-3　2019年河南省沿黄区域国土开发强度

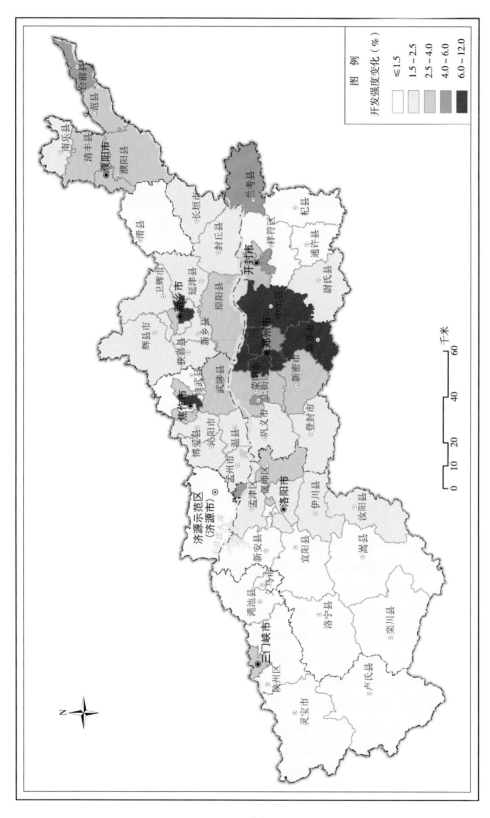

图4-4　2015—2019年河南省沿黄区域国土开发强度变化

4.1.2 区域经济密度

经济密度一般用国内生产总值与行政区面积之比计算。经济密度是指单位面积土地上经济效益的水平，它反映了城市单位面积上经济活动的效率和土地利用的密集程度。其值越大，所体现的单位土地上的经济效益水平越高；反之，其值越小，则经济效益水平越低。

4.1.2.1 河南省沿黄区域经济密度

2019年，河南省沿黄区域GDP为28 380.28亿元，经济密度为4 974.55万元/平方千米，远高于全省经济密度3 255.7万元/平方千米。相比于2015年经济密度3 304.22万元/平方千米，增长1.51倍，经济发展速度加快。经济密度高的省辖市是郑州市、焦作市，分别为13 403.11万元/平方千米、5 968.74万元/平方千米，较2015年都有较大幅度提升。除三门峡市外，其省辖市经济密度均高于河南省平均水平，开发强度分别为18.15%、17.96%。洛阳市、济源市、三门峡市的开发强度低于区域平均水平。空间分布特征如下。

——"核心—边缘—外围"结构突出，以郑州为核心，经济密度从中心向外围依次递减，"核心—边缘—外围"格局显著，空间上整体呈现中间高两边低的形态。

——经济密度差异较大。居第一的郑州市经济密度达到13 403.11万元/平方千米，远高于其他省辖市，是居第二位焦作市的2.25倍，是最小三门峡市的8.73倍。

4.1.2.2 河南省沿黄区域各县（市、区）经济密度

按照河南省沿黄区域72个县（市、区）的经济密度，将其划分为5个等级。高（>48 000万元/平方千米），共3个县（市、区）；较高（2 500万~48 000万元/平方千米），共6个县（市、区）；中等（9 000万~25 000万元/平方千米），共13个县（市、区）；较低（4 000万~9 000万元/平方千米），共20个县（市、区）；较低（<4 000万元/平方千米），共30个县（市、区）。

县（市、区）经济密度差异显著，郑州市中心城区经济密度最高，除惠济区经济密度均大于40 000万元/平方千米；2018年郑州市的金水区经济密度达到了73 690.44万元/平方千米，是区域内经济密度最小卢氏县的277.99倍。

如图4-5所示，经济密度高值区主要集中在由郑州市、焦作市、洛阳市东部市（县）组成的区域，向东西两侧递减。最低区域主要集中在三门峡、洛阳市等山区市（县），经济密度在2 000万元/平方千米以下。这些地区受地形因素影响，原有经济基础条件较差，交通基础设施水平较低，受中心城市经济辐射影响程度较低。

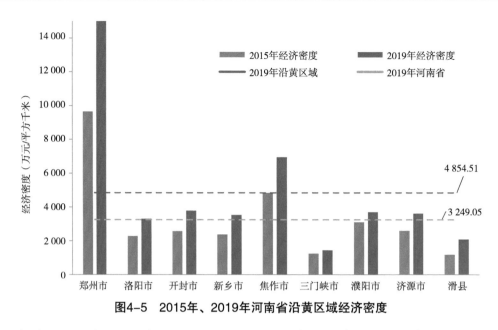

图4-5　2015年、2019年河南省沿黄区域经济密度

如表4-2、图4-6、图4-7所示，2015—2019年，经济密度增长率小于26%的县（市、区）有31个，其中新乡县是区域内唯一经济密度降低的县，较2015年降低了6.73%。经济密度变化率在26%～36%的县（市、区）有29个，变化率在中等及以下的县（市、区）占沿黄区域的83%。如图4-8所示，经济密度变化率在36%～50%的县（市、区）有9个，高于50%的县（市、区）有3个，分别为郑州市的金水区、管城回族区和惠济区，惠济区的经济密度由2015年的4 792.37万元/平方千米增长到2018年的7 709.27万元/平方千米，增长率达到60.87%。

表4-2　2015年、2019年河南省沿黄区域经济密度及变化（万元/平方千米）

县（市、区）		2015年	2019年	变化率	县（市、区）		2015年	2019年	变化率
郑州市	中原区	27 654.22	41 411.41	49.75	新乡市	红旗区	20 735.62	29 893.12	44.16
	二七区	29 970.61	42 514.47	41.85		卫滨区	16 294.19	21 716.43	33.28
	管城回族区	28 943.31	48 655.84	68.11		凤泉区	7 407.92	8 723.33	17.76
	金水区	48 850.87	73 690.44	50.85		牧野区	14 424.60	18 531.72	28.47
	上街区	19 692.64	21 070.76	7.00		新乡县	5 265.21	4 910.89	6.73
	惠济区	4 792.37	7 709.27	60.87		获嘉县	1 990.52	2 423.65	21.76
	中牟县	5 430.84	6 410.65	18.04		原阳县	890.82	1 244.02	39.65

县（市、区）		2015年	2019年	变化率	县（市、区）		2015年	2019年	变化率
郑州市	巩义市	5 998.44	7 821.22	30.39	新乡市	延津县	1 320.93	1 600.34	21.15
	荥阳市	6 236.35	7 431.73	19.17		封丘县	965.48	1 282.07	32.79
	新密市	6 444.33	7 946.74	23.31		长垣县	2 616.87	3 548.96	35.62
	新郑市	9 879.38	13 852.06	40.21		卫辉市	1 124.12	1 497.50	33.22
	登封市	4 291.45	5 776.39	34.60		辉县市	1 824.54	2 252.56	23.46
开封市	龙亭区	4 039.77	5 294.29	31.05	焦作市	解放区	16 922.40	21 673.88	28.08
	顺河回族区	11 638.01	14 950.55	28.46		中站区	4 470.35	5 864.43	31.19
	鼓楼区	10 359.42	14 136.83	36.46		马村区	3 761.87	4 678.88	24.38
	禹王台区	11 027.20	14 471.19	31.23		山阳区	20 585.66	25 181.52	22.33
	祥符区	1 727.22	2 107.88	22.04		修武县	1 709.83	2 153.64	25.96
	杞县	2 112.78	2 567.87	21.54		博爱县	4 639.37	5 540.30	19.42
	通许县	2 792.62	3 383.83	21.17		武陟县	3 531.25	4 406.26	24.78
	尉氏县	2 399.41	2 877.43	19.92		温县	5 072.17	6 161.55	21.48
	兰考县	2 125.64	2 751.67	29.45		沁阳市	5 916.85	7 181.39	21.37
洛阳市	老城区	12 943.35	18 142.72	40.17		孟州市	5 313.73	6 580.17	23.83
	西工区	55 134.98	68 426.14	24.11	濮阳市	华龙区	9 637.69	12 427.30	28.94
	瀍河回族区	26 666.64	34 916.86	30.94		清丰县	2 472.46	2 900.87	17.33
	涧西区	29 287.18	36 128.30	23.36		南乐县	2 488.20	3 147.01	26.48
	吉利区	11 196.82	15 131.54	35.14		范县	2 738.36	3 456.23	26.22
	洛龙区	4 394.14	6 092.53	38.65		台前县	2 053.10	2 576.15	25.48
	孟津县	3 264.23	4 385.69	34.36		濮阳县	2 496.32	3 051.57	22.24

（续表）

	县（市、区）	2015年	2019年	变化率
洛阳市	新安县	3 261.20	4 416.90	35.44
	栾川县	613.66	806.99	31.50
	嵩县	483.49	627.31	29.75
	汝阳县	976.67	1 280.63	31.12
	宜阳县	1 388.29	1 864.23	34.28
	洛宁县	686.10	901.83	31.44
	伊川县	2 844.24	3 812.91	34.06
	偃师市	6 219.93	8 220.82	32.17
三门峡市	湖滨区	9 027.82	11 914.65	31.98
	陕州区	999.74	1 430.53	43.09
	渑池县	1 692.17	2 044.80	20.84
	卢氏县	215.29	268.95	24.92
	义马市	13 775.04	14 332.37	4.05
	灵宝市	1 528.49	1 781.03	16.52
济源市		2 592.66	3 378.53	30.31
滑县		1 186.32	1 479.69	24.73

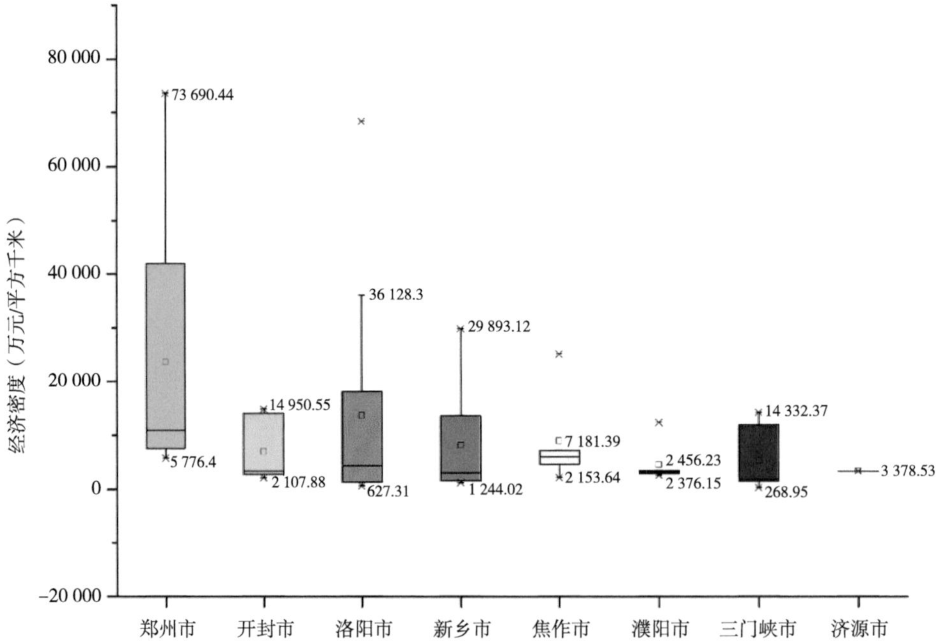

图4-6　河南省沿黄区域经济密度统计

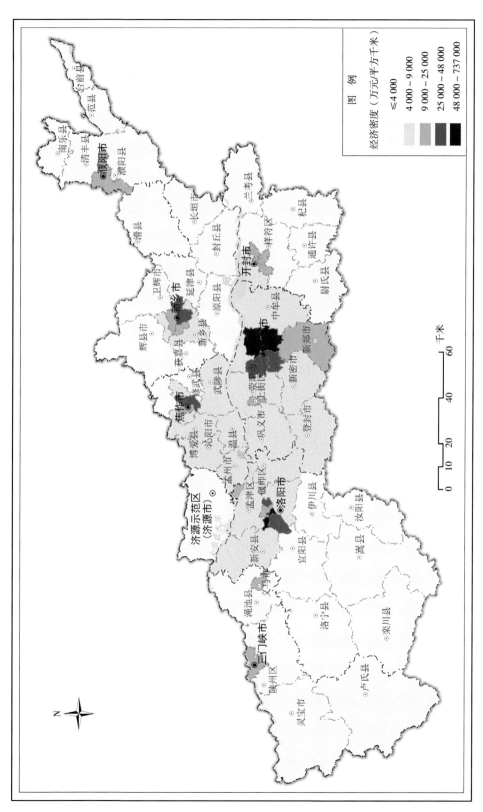

图4-7　2019年河南省沿黄区域经济密度

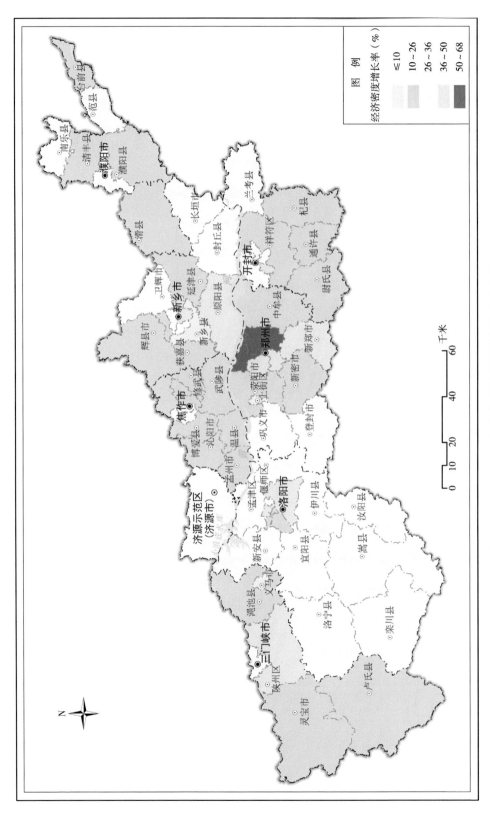

图4-8 2015—2019年河南省沿黄区域经济密度变化

4.1.3 区域人口密度

人口密度是单位面积土地上的常住人口数，它是衡量各区域人口密集程度的指标，能够在一定程度上反映当地的资源环境和社会经济发展状况。

4.1.3.1 河南省沿黄区域人口密度

2019年，河南省沿黄区域常住人口为3 866.08万人，人口密度为652.73人/平方千米，高于全省人口密度575.15人/平方千米，郑州市、焦作市、濮阳市、开封市、新乡市的人口密度都高于全省平均水平。黄河下游地区高于中游地区，郑州市的人口密度最大，2018年人口密度达到1 339.34人/平方千米，较2015年显著增加。人口密度最小的为三门峡市，为228.34人/平方千米。

4.1.3.2 河南省沿黄区域各县（市、区）人口密度

按照河南省沿黄区域72个县（市、区）的人口分布，将其划分为5个等级。高（>4 500人/平方千米），共7个县（市、区）；较高（2 500～4 500人/平方千米），共8个县（市、区）；中等（1 000～2 500人/平方千米），共11个县（市、区）；较低（500～1 000人/平方千米），共32个县（市、区）；低（<500人/平方千米），共14个县（市、区）。

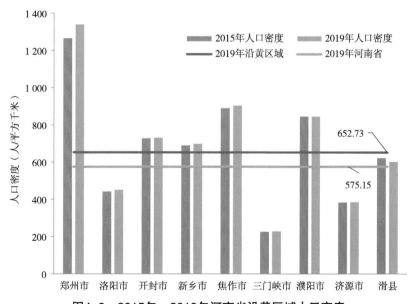

图4-9　2015年、2019年河南省沿黄区域人口密度

县（市、区）人口密度空间差异显著，郑州市金水区人口密度最高，人口密度高于5 000人/平方千米的县（市、区）有郑州市金水区、中原区、二七区以及洛阳的西工区、瀍河回族区（图4-9）。

表4-3　2015年、2019年河南省沿黄区域人口密度及变化（人/平方千米）

	县（市、区）	2015年	2019年	变化率		县（市、区）	2015年	2019年	变化率
郑州市	中原区	5 050.03	5 463.80	8.19	新乡市	红旗区	2 777.03	2 955.09	6.41
	二七区	5 042.53	5 408.55	7.26		卫滨区	3 270.47	3 499.19	6.99
	管城回族区	3 522.06	3 893.43	10.54		凤泉区	1 348.01	1 382.93	2.59
	金水区	7 166.46	7 261.61	1.33		牧野区	3 376.08	3 444.01	2.01
	上街区	2 236.55	2 354.46	5.27		新乡县	887.60	902.65	1.70
	惠济区	1 287.06	1 366.01	6.13		获嘉县	869.12	881.04	1.37
	中牟县	752.00	835.73	11.13		原阳县	501.32	495.53	（1.16）
	巩义市	790.20	803.92	1.74		延津县	525.58	514.54	（2.10）
	荥阳市	652.83	687.76	5.35		封丘县	593.11	585.11	（1.35）
	新密市	806.58	816.05	1.17		长垣县	723.13	750.19	3.74
	新郑市	1 001.01	1 119.02	11.79		卫辉市	577.50	571.33	（1.07）
	登封市	570.46	589.42	3.32		辉县市	443.56	451.41	1.77
开封市	龙亭区	1 115.72	1 179.57	5.72	焦作市	解放区	4 813.10	4 870.15	1.19
	顺河回族区	3 332.71	3 451.49	3.56		中站区	845.41	857.58	1.44
	鼓楼区	2 398.26	2 518.57	5.02		马村区	1 182.91	1 198.47	1.32
	禹王台区	2 236.14	2 345.70	4.90		山阳区	4 353.13	4 477.19	2.85
	祥符区	534.15	533.59	（0.10）		修武县	375.17	382.45	1.94
	杞县	724.39	712.30	（1.67）		博爱县	770.78	784.60	1.79
	通许县	687.41	676.06	（1.65）		武陟县	800.78	812.52	1.47
	尉氏县	667.45	656.12	（1.70）		温县	866.44	874.42	0.92
	兰考县	573.27	587.13	2.42		沁阳市	737.80	746.47	1.17

（续表）

县（市、区）	2015年	2019年	变化率	县（市、区）	2015年	2019年	变化率
老城区	3 644.61	3 740.65	2.64	焦作市 孟州市	733.29	745.02	1.60
西工区	6 879.79	7 033.49	2.23				
瀍河回族区	5 919.17	6 031.23	1.89	华龙区	1 874.64	2 011.41	7.30
涧西区	4 521.04	4 912.04	8.65	清丰县	762.58	763.66	0.14
吉利区	897.65	917.57	2.22	南乐县	755.98	729.28	（3.53）
洛龙区	1 338.98	1 376.65	2.81	濮阳市 范县	748.06	726.02	（2.95）
孟津县	575.53	587.26	2.04	台前县	721.00	738.90	2.48
洛阳市 新安县	411.21	420.72	2.31	濮阳县	737.50	715.03	（3.05）
栾川县	141.53	141.67	0.10	湖滨区	1 567.49	1 586.07	1.19
嵩县	172.21	173.25	0.60	陕州区	214.99	217.42	1.13
汝阳县	319.62	322.76	0.98	三门峡市 渑池县	257.02	259.81	1.08
宜阳县	378.50	381.24	0.72	卢氏县	96.79	97.96	1.21
洛宁县	185.67	188.89	1.74	义马市	1 469.54	1 484.81	1.04
伊川县	738.41	745.59	0.97	灵宝市	242.41	245.44	1.25
偃师市	852.70	860.35	0.90	济源市	3.82	381.63	384.26
				滑县	621.52	601.31	（3.25）

如表4-3、图4-10、图4-11所示，2015—2019年，人口密度减小的县（市、区）有12个，主要分布在新乡市、开封市和濮阳市，其中南乐县、滑县、濮阳县的常住人口减少最多，较2015年减低均超过3%。人口密度变化率在0～2%的县（市、区）有31个，主要分布三门峡、洛阳市和焦作市。变化率在中等及以下的县（市、区）占沿黄区域的79.71%。人口密度变化率在4%～8%的县（市、区）有10个，高于8%的县（市、区）有5个，分别为郑州市的新郑市、中牟县、管城回族区、中原区以及洛阳的涧西区。其中，新郑市人口密度变化率最高，由2015年的1 001.11万元/平方千米增长到2019年的1 119.02万元/平方千米，增长率达到11.79%。

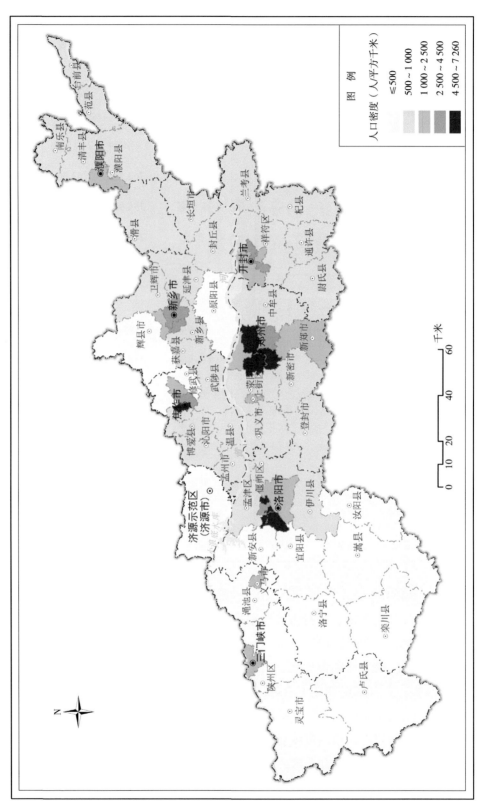

图4-10 2015—2019年河南省沿黄区域人口密度

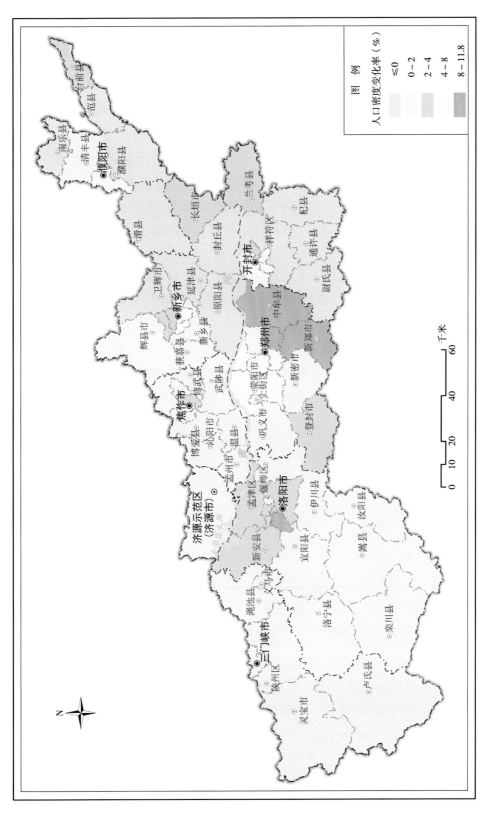

图4-11 2015—2019年河南省沿黄区域人口密度变化

4.1.4 空间相关性分析

为了进一步说明经济发展与人口对国土开发强度的相关性及影响程度，对沿黄区域72个县（市、区）国土开发强度与经济密度、人口密度数据进行回归分析，同时借助空间自相关分析方法，分析其时空分布特征及关联特征。空间自相关系数是用来度量物理或生态学变量在空间上的分布特征及其对邻域的影响程度。空间自相关分析可以检验空间变量在特定位置与相邻区域是否具有显著相关性。全局空间自相关用来研究某一现象在空间上是否具有聚集特性，而局部空间自相关更能体现其空间聚集分布格局和集聚的显著度。局部空间自相关可表征每个区域与周边地区之间的局部空间关联和差异程度，通常利用Moran散点图和LISA聚集图对局部差异的空间分布进行可视化表达。

为了说明国土开发强度与经济发展水平的相关性，对沿黄区域72个县（市、区）的国土开发强度与经济密度、人口密度数据进行回归分析，其中横坐标表示研究区的县（市、区）的经济密度、人口密度因子，纵坐标表示研究区各县（市、区）国土开发强度，图4-12、图4-13分别表示2019年河南省沿黄区域各县（市、区）经济密度、人口密度与开发强度相关性分析，结果表明经济密度与开发强度呈现显著的正相关性，R^2均高于0.7；人口密度与开发强度呈现显著的正相关性，R^2均高于0.8。

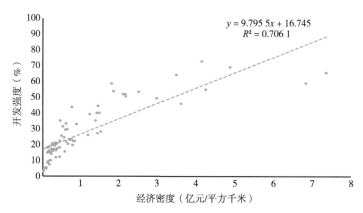

$$y = 9.795\,5x + 16.745$$
$$R^2 = 0.706\,1$$

图4-12　2019年河南省沿黄区域经济密度与开发强度相关性分析

空间相关分析是检验某要素之间在空间上是否具有关联以及关联度，全局空间自相关可以表征某要素在整体范围内的空间依赖程度，而局部空间自相关表征一个采样单元与其相邻单元的相似程度，能够更直观体现某要素在空间上的聚集特征。本报告利用空间计量软件（GeoDa）进行空间全局和局部自相关分析。如图4-14所示，研究区2015年、2019年经济密度与开发强度全局自相关系数分别为0.39、0.42，2015—2019年经济密度变化率与开发强度变化率全局自相关系数为0.3。如图4-15所示，研究区2015年、2019年人口密度与开发强度全局自相关系数分别为0.40、0.39，2015—2019年人口密度变化率与开发强度变化率全局自相关系数为0.39。Moran's I指数为正值，表明研究区经济密度、人口密度与开发强度呈现正相关关系，出现高—高、低—低等空间聚集区特征。全局自相关值呈现上升的趋势，表明研究区2015—2019年聚集趋势有所增加。

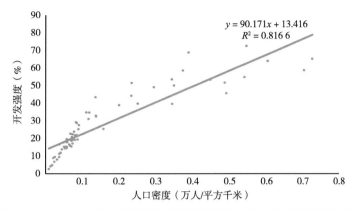

图4-13 2019年河南省沿黄区域经济密度与人口密度相关性分析

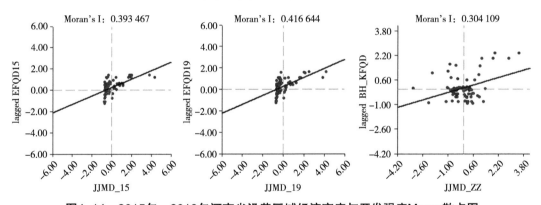

图4-14 2015年、2019年河南省沿黄区域经济密度与开发强度Moran散点图

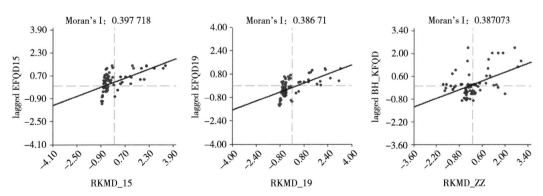

图4-15 2015年、2019年河南省沿黄区域经济密度与开发强度Moran散点图

Moran's I指数仅可以反映区域空间分布状态及空间聚集指数，并不能完全表现开发强度与经济密度、人口密度在空间上的相互联系程度，利用局部自相关分析（LISA）来探讨沿黄区域开发强度与经济密度、人口密度在区域上的关联度及其空间集聚特征。通过GeoDa软件对研究区72个县（市、区）的开发强度与经济密度、人口密度数据进行LISA分析。

如图4-16所示为河南省沿黄区域各县（市、区）经济密度与开发强度局部相关性分布，沿黄区域经济密度与开发强度空间集聚形态主要以低—低集聚和低—高集聚为主，2019年有7个县（市、区）呈现低—低聚集，集中分布在黄河中游的三门峡市和洛阳市，这些区域经济密度与开发强度均较低；低—高聚集区域有8个县（市、区），主要分布在洛阳的孟津县、洛龙区、伊川县及郑州市的荥阳市、新密市、中牟县及惠济区；呈现高—高集聚的区域主要分布在洛阳市、郑州市的市辖区及新郑市，这些区域经济密度较大，同时开发强度也处在区域高水平。2015—2019年空间集聚特征空间分布没有发生显著的变化，低—高集聚区向外扩展增加了原阳县。经济密度与开发强度变化率的集聚特征西部区域呈现低—低、高—低集聚特征，三门峡的灵宝市、卢氏县、渑池县属于低—低集聚区，洛阳市洛宁县、栾川县、宜阳县嵩县和三门县的陕州区属于高—低集聚区。在郑州市呈现高—高、低—高集聚的特征，在郑州市市辖区、新郑市及新乡市原阳县呈现高—高集聚区，外围区域呈现低—高集聚区。

如图4-17所示为沿黄区域各县（市、区）人口密度与开发强度局部相关性分布，沿黄区域人口密度与开发强空间集聚形态主要以低—低集聚和高—高集聚为主，2019年有9个县（市、区）呈现低—低聚集，集中分布在黄河中游的三门峡市和洛阳市，这些人口密度与开发强度均较低；高—高聚集区域郑州市市辖区。2015—2019年空间集聚特征空间分布发生显著的变化，低—低集聚区向外扩展增加了汝阳县、伊川县；低—高集聚区的范围大幅度减少。人口密度与开发强度变化率的集聚特征西部区域呈现低—低集聚特征，在郑州市呈现高—高、低—高集聚的特征，郑州市市辖区及新郑市、荥阳市、中牟县呈现高—高集聚区，外围区域的新密、尉氏、原阳属于低—高集聚。

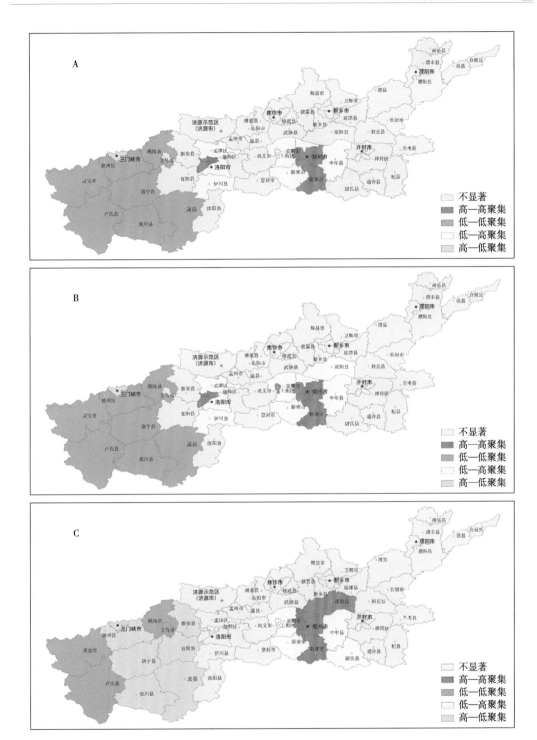

图4-16 河南省沿黄区域经济密度与开发强度局部相关性分布

（A—2015年经济密度与开发强度；B—2019年经济密度与开发强度；
C—经济密度与开发强度变化率）

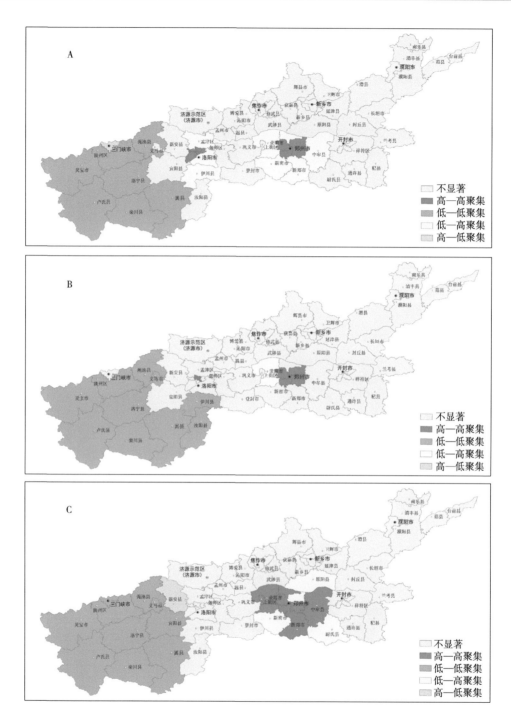

图4-17　2015年、2019年河南省沿黄区域人口密度与开发强度局部相关性分布

4.2　房屋建筑区时空变化分析

本章利用2015年、2019年的地理国情普查及监测数据提取房屋建筑区。房屋建筑

区是指城镇和乡村集中居住区域，被连片房屋建筑遮盖的地表区域。按建筑高度可分为多层及以上房屋建筑区和低矮房屋建筑区，其中多层及以上房屋建筑区指层高在4层及以上或楼高10米以上的房屋建筑为主的区域，低矮房屋建筑区指层高在3层及以下或楼高10米以下的房屋建筑为主的区域；按照建筑密度可分为高密度房屋建筑区和低密度房屋建筑区，其中高密度房屋建筑区指建筑密度大于等于50%的房屋建筑区，低密度房屋建筑区指建筑密度小于50%的房屋建筑区（表4-4）。

2015年河南省沿黄区域房屋建筑区占地面积为4 818.30平方千米，占河南省沿黄区域总面积的8.13%；2019年房屋建筑区占地面积增加了300.38平方千米，增至5 118.69平方千米，占河南省沿黄区域总面积比例提高到8.64%。其中以低矮房屋建筑区占地面积增加为主，占增加面积的71.95%，5年间增加了216.13平方千米，增长率为4.89%；多层及以上房屋建筑区占地面积增加了84.25平方千米，增长率为21.35%（表4-4）。

表4-4　河南省沿黄区域房屋建筑区占地面积及变化率（平方千米）

省辖市（县）	多层及以上房屋建筑区			低矮房屋建筑区		
	2015年	2019年	变化率（%）	2015年	2019年	变化率（%）
郑州市	168.79	213.06	26.23	712.44	706.80	-0.79
洛阳市	62.97	70.89	12.59	705.16	731.05	3.67
开封市	30.03	36.63	21.97	667.62	719.48	7.77
新乡市	44.60	55.11	23.55	839.45	889.34	5.94
焦作市	27.72	31.17	12.46	481.77	509.42	5.74
三门峡市	17.87	20.57	15.14	232.30	246.09	5.94
濮阳市	30.09	37.64	25.12	493.64	525.36	6.43
济源市	8.00	8.19	2.35	87.14	93.06	6.80
滑县	4.57	5.62	22.98	2 014.15	219.21	7.38
合计	394.64	478.89	21.35	4 423.67	4 639.80	4.89

如表4-4、图4-18所示，沿黄区域各省辖市中，新乡市的房屋建筑区占地面积最大，2015年占地面积为884.05平方千米，2019年增加到944.44平方千米，增长率为6.83%，主要表现为低矮房屋建筑区的增加，占增加面积的82.6%。其次为郑州

市，2015年占地面积为881.23平方千米，2019年增加到919.86平方千米，增长率为4.38%，具体表现为，近5年来，郑州市低矮房屋建筑区占地面积减少，较2015年减少了5.64平方千米，多层及以上房屋建筑区占地面积增加了44.27平方千米。洛阳市房屋建筑区占地面积由2015年的768.13平方千米增加到2019年的801.95平方千米，增长率为4.4%，具体表现为，增加面积以低矮房屋建筑区为主，增加面积为25.89平方千米，占增加面积的76.56%。焦作市房屋建筑区占区域面积比最大，为13.6%；其次为濮阳市、郑州市、开封市，分为达到13.18%、12.15%、12.12%；三门峡市房屋建筑区占比最小，仅为2.67%。

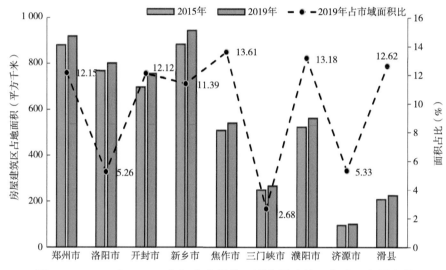

图4-18　2015年、2019年河南省沿黄区域房屋建筑区占地面积及变化

多层及以上房屋建筑区指层高在4层及以上或楼高10米以上的房屋建筑为主的区域，主要分布在城市建成区。如表4-4、图4-19所示，2015年河南省沿黄区域多层及以上房屋建筑区占地面积为394.64平方千米，占河南省沿黄区域总面积的0.67%；2019年房屋建筑区占地面积增加了84.25平方千米，增至478.89平方千米，占河南省沿黄区域总面积比例提高到0.81%。其中郑州市多层以上房屋建筑区面积最大，2019年达到213.06平方千米，占郑州市总面积的2.82%；同时近5年间的增加量也最大，共计增加了44.27平方千米，占沿黄区域总增加量的50%以上。其次是洛阳市，2019年达到了70.89平方千米，5年间共计增加7.92平方千米；新乡市多层及以上房屋建筑区占地面积2019年达到了55.11平方千米，5年间共计增加了10.51平方千米。多层及以上房屋建筑区占市域面积最小的为三门峡市，仅为0.21%，2019年房屋建筑区占地面积及面积增加量处在较低水平。

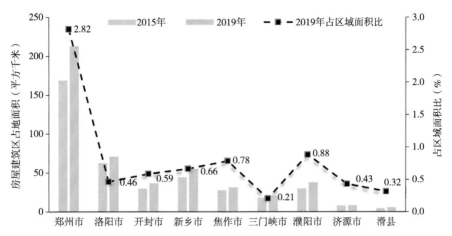

图4-19　2015年、2019年河南省沿黄区域多层及以上房屋建筑区占区域面积比及变化

低矮房屋建筑区指层高在3层及以下或楼高10米以下的房屋建筑为主的区域，主要分布在农村及城市建成区边缘区域。如表4-4、图4-20所示，2015年河南省低矮房屋建筑区占地面积为4 423.67平方千米，占河南省沿黄区域总面积的7.47%；2019年房屋建筑区占地面积增加了216.13平方千米，增至4 639.80平方千米，占河南省沿黄区域总面积比例提高到7.83%。低矮房屋建筑区占地面积最多的为新乡市，2019年达到889.34平方千米，占新乡市总面积的10.73%；同时近5年间共计增加了49.88平方千米。其次是洛阳市，2019年低矮房屋建筑区占地面积为731.05平方千米，5年间共计增加25.89平方千米；开封市低矮房屋建筑区占地面积增加量最大，5年间增加了51.86平方千米。郑州市是沿黄区域唯一一个低矮房屋建筑区面积减少的，由2015年的712.44平方千米减少到2019年的706.80平方千米，5年间共计减少了5.64平方千米（图4-21）。

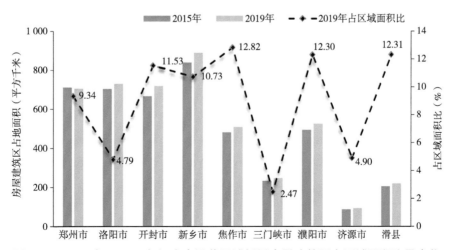

图4-20　2015年、2019年河南省沿黄区域低矮房屋建筑区占区域面积比及变化

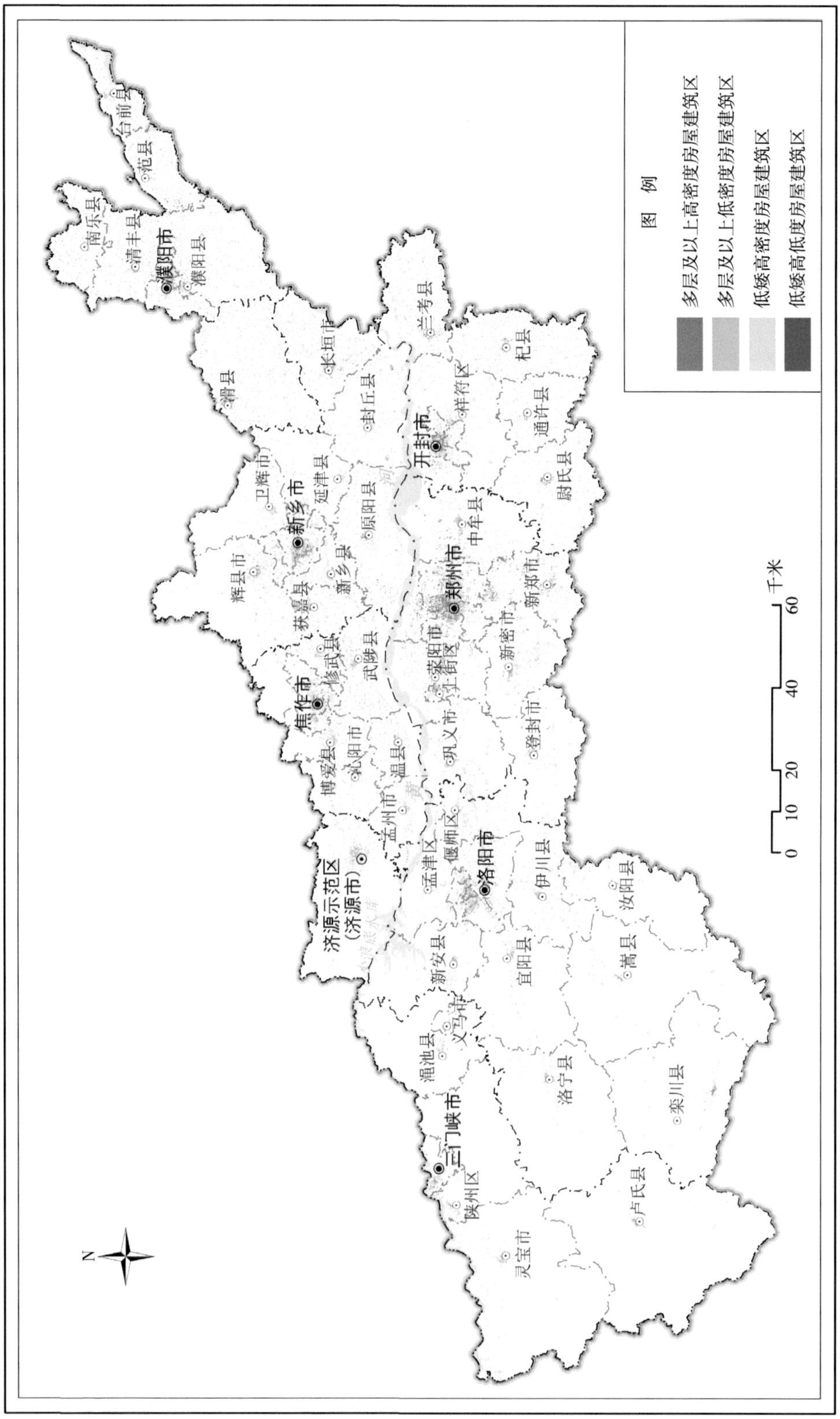

图4-21 河南省沿黄区域房屋建筑区空间分布

4.3 农村居民点空间分布特征

自然条件是农村居民点形成和发展的基础，其中的地形因素占据主导地位，地形地貌为农村居民点提供形成和发展空间的同时，又约束农村居民点的空间扩展。地势平坦的平原地区耕地面积分布广阔，水土资源丰富，具备较高的人口承载力，因此农村居民点平均规模和总规模均相对较大。山地丘陵区耕地资源破碎且分散，农业生产的机械化和规模化程度较低，造成农村居民点的零散分布，山区坡地上的居民点面临长期的生态和贫困问题。

4.3.1 空间分布及演变特征

农村房屋建筑区在空间上分布不连续，特别是西部山区分布较为分散，为了进一步体现农村房屋建筑区在空间上的分异特征，根据景观斑块大小和研究区面积，本研究利用2千米×2千米正方形格网对河南省沿黄区域2015年、2019年地理国情普查数据进行采样，共有15 493个采样单元。通过叠加分级分别统计每个采样单元的农村房屋建筑区占地面积，计算每个采样单元的房屋建筑区面积占比来表示分布密度，分析其空间分异特征及变化。

2019年河南省沿黄区域农村房屋建筑区总占地面积为3 919.28平方千米，较2015年增加了211.73平方千米。从省辖市来看（图4-22），焦作市农村居民点房屋建筑面积占比最大，2019年为13.35%，占比较2015年增加了0.73%。其次为濮阳市和开封市，2019年分别达到了12.67%、12.26%，占比较2015年分别增加了0.91%和0.8%。三门峡市和济源市农村居民点房屋建筑面积占比较低，2019年分别为2.3%、4.23%。

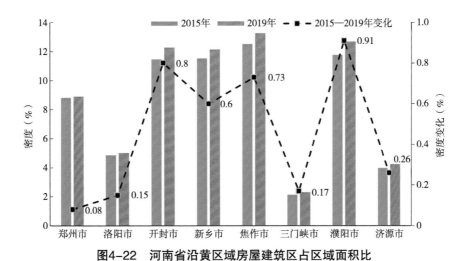

图4-22　河南省沿黄区域房屋建筑区占区域面积比

　　表4-5为沿黄区域2015—2019年县（市、区）农村房屋建筑区密度及变化［每个县（市、区）范围内采样单元的平均值］。如图4-23所示，从空间分布来看，农村房屋建筑区密度黄河下游高于中游、黄河北岸高于黄河南岸。密度高值区域主要分布在焦作、新乡等区域，三门峡、洛阳密度主要以低值为主。2019年农村房屋建筑区密度最大的县（区）为凤泉区、新乡县，分别达到了19.01%和18.48%；增长幅度最大的县（区）为兰考县、马村区、温县、滑县、原阳县，增加量均超过1%。较小幅度最大的为郑州市的中原区，较2015年减少了3.45%。如图4-24所示，从空间采样单元来看，黄河中游区域农村房屋建筑区密度基本保持不变，显著增加的栅格单元很少分布；略有增加的栅格单元主要分布在灵宝市北部、渑池县南部、宜阳县；略有降低的栅格单元分布在洛阳市建成区边缘及零星分布栾川县、嵩县等区域。黄河下游区域农村房屋建筑区密度以略有增加为主，密度显著增加的区域主要分布在滑县南部、濮阳县、范县、台前县、兰考县北部、新密市东部、尉氏县西部等区域。密度降低的栅格单位主要分布在郑州建成区周边区域及新郑市。

表4-5　2015年、2019年河南省沿黄区域农村房屋建筑区密度及变化

	县（市、区）	2019年	2015年	变化		县（市、区）	2019年	2015年	变化
郑州市	中原区	6.24	2.79	-3.45	新乡市	红旗区	13.48	14.15	0.67
	二七区	8.97	7.83	-1.14		卫滨区	13.3	14.08	0.78
	管城回族区	5.88	4.55	-1.33		凤泉区	18.01	19.01	1.00
	金水区	1.29	1.11	-0.18		牧野区	15.26	16.25	0.99
	上街区	8.31	8.08	-0.23		新乡县	17.85	18.48	0.63
	惠济区	6.63	6.29	-0.34		获嘉县	13.94	14.49	0.55
	中牟县	8.88	8.84	-0.04		原阳县	12.08	13.1	1.02
	巩义市	10.62	10.73	0.11		延津县	12.1	12.58	0.48
	荥阳市	8.18	8.3	0.12		封丘县	11.91	12.42	0.51
	新密市	10.53	11.18	0.65		长垣县	12.69	13.37	0.68
	新郑市	11.53	11.45	-0.08		卫辉市	9.28	9.82	0.54
	登封市	6.07	6.46	0.39		辉县市	13.48	14.15	0.67

县（市、区）	2019年	2015年	变化	县（市、区）	2019年	2015年	变化
开封市 龙亭区	8.37	9.26	0.89	焦作市 解放区	7.63	7.97	0.34
顺河回族区	12.05	12.61	0.56	中站区	7.47	7.51	0.04
鼓楼区	7.37	8.32	0.95	马村区	1.33	1.39	0.06
禹王台区	5.92	6.36	0.44	山阳区	15.64	16.76	1.12
祥符区	10.97	11.59	0.62	修武县	9.13	9.61	0.48
杞县	12.06	12.88	0.82	博爱县	8.88	9.43	0.55
通许县	11.64	12.26	0.62	武陟县	13.58	14.23	0.65
尉氏县	11.7	12.64	0.94	温县	15.47	16.46	0.99
兰考县	11.88	13.22	1.34	沁阳市	15.5	16.61	1.11
洛阳市 老城区	11.32	11.65	0.33	孟州市	12.21	12.94	0.73
西工区	9.33	10.16	0.83	濮阳市 华龙区	10.38	10.99	0.61
瀍河回族区	11.54	11.83	0.29	清丰县	12.79	13.67	0.88
涧西区	7.08	7.49	0.41	南乐县	13.22	14.13	0.91
吉利区	6.67	6.63	−0.04	范县	11.55	12.47	0.92
洛龙区	12.71	12.3	−0.41	台前县	9.93	10.85	0.92
孟津县	8.91	9.28	0.37	濮阳县	11.73	12.72	0.99
新安县	5.16	5.35	0.19	三门峡市 湖滨区	3.74	3.98	0.24
栾川县	1.49	1.48	−0.01	陕州区	2.47	2.63	0.16
嵩县	2.67	2.67	0	渑池县	2.91	3.12	0.21
汝阳县	4.42	4.71	0.29	卢氏县	0.91	1.04	0.13
宜阳县	4.52	4.85	0.33	义马市	5.22	5.52	0.3
洛宁县	2.49	2.65	0.16	灵宝市	2.91	3.12	0.21
伊川县	11.02	11.5	0.48	济源市	3.97	4.23	0.26
偃师市	13.04	13.34	0.3	滑县	12.88	13.93	1.05

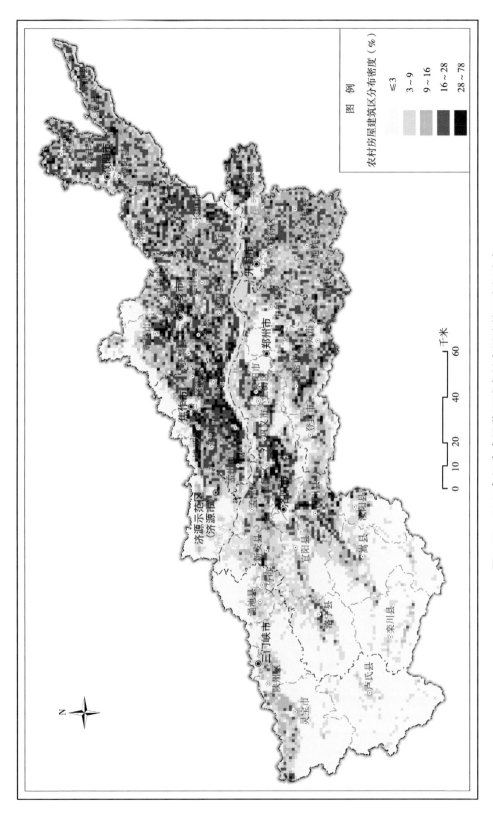

图4-23 2019年河南省沿黄区域农村房屋建筑区空间分布

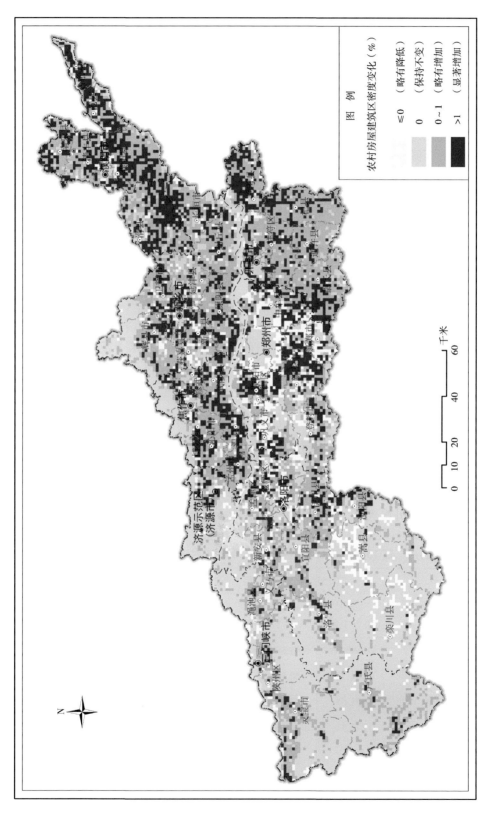

图4-24 2015—2019年河南省沿黄区域农村房屋建筑区空间变化

4.3.2　不同地形条件下农村房屋建筑分布特征

将河南省沿黄区域高程分为<100米、〔100米，200米）、〔200米，400米）、〔400米，600米）、〔600米，800米）、〔800米，1 000米）、〔1 000米，1 200米）、〔1 200米，1 400米）、〔1 400米，2 405米）9个高程带，坡度分为<5°、〔5°，10°）、〔10°，15°）、〔15°，25°）、≥25°共5个坡度范围，统计农村房屋建筑区的在不同高程和坡度上的分布情况。

（1）从高程分布来看，如表4-6、图4-25所示，2019年河南省沿黄区域居民点房屋建筑总占地面积为3 919.28平方千米，较2015年增加了211.73平方千米，房屋建筑占地面积整体上随海拔升高而逐渐减少，但2015—2019年不同高程带的农村房屋建筑区占地面积都有所增加，增加量随着高程的增加逐渐减少。将近90%的农村房屋建筑区分布在高程400米以下，有2 199.56平方千米的农村房屋建筑区分布在100米以下，占沿黄区域农村房屋建筑区占地面积的56.12%，较2015年增加了138.6平方千米，占区域增加总量的65.46%；分别约有20%、14%的房屋建筑区分布在〔100米，200米）和〔200米，400米）范围内。高程在〔400米，800米）范围内的农村房屋建筑区占地面积为351.61平方千米，占房屋建筑区总面积的8.97%，较2015年增加了17.49平方千米，主要分布在灵宝市、陕州区、渑池县、嵩县、洛宁县等区域。高程在〔800米，1 200米）范围内的农村房屋建筑区占地面积为46.86平方千米，占房屋建筑区总面积的1.2%，较2015年增加了4.67平方千米，主要分布在卢氏县、灵宝市南部、栾川县西部等山区。高程在〔1 200米，2 405米）范围内的农村房屋建筑区占地面积为7.07平方千米，占房屋建筑区总面积的0.18%，较2015年增加了0.22平方千米，主要分布在栾川县西部、灵宝市西部等山区。

表4-6　2015年、2019年不同高程范围内农村房屋建筑区分布特征

高程	2015年		2019年		变化量	
	面积（平方千米）	占比（%）	面积（平方千米）	占比（%）	面积（平方千米）	占比（%）
<100米	2 060.96	55.59	2 199.56	56.12	138.60	65.46
〔100米，200米）	741.74	20.01	760.60	19.41	18.85	8.91
〔200米，400米）	521.68	14.07	553.58	14.12	31.90	15.07
〔400米，600米）	245.31	6.62	257.73	6.58	12.42	5.87
〔600米，800米）	88.81	2.40	93.88	2.40	5.07	2.39
〔800米，1 000米）	30.64	0.83	33.91	0.87	3.28	1.55

（续表）

高程	2015年		2019年		变化量	
	面积 （平方千米）	占比 （％）	面积 （平方千米）	占比 （％）	面积 （平方千米）	占比 （％）
［1 000米，1 200米）	11.55	0.31	12.95	0.33	1.40	0.66
［1 200米，1 400米）	6.06	0.16	6.21	0.16	0.15	0.07
［1 400米，2 405米）	0.79	0.02	0.87	0.02	0.08	0.04
合计	3 707.55	—	3 919.28	—	211.73	—

（2）从坡度分布来看，如表4-7、图4-26所示，农村房屋建筑占地面积整体上随坡度增加而大幅度减少，但2015—2019年不同坡度带的农村房屋建筑区占地面积都有所增加。以坡度5°以下范围内增加的面积为主，增加量随着高程的增加减少。将近90%的农村房屋建筑区分布在坡度5°以下区域，2015—2019年该坡度范围内增加房屋建筑191.15平方千米；坡度在［5°，10°）范围内分布有225.96平方千米农村房屋建筑，约占农村房屋建筑总面积的2.38%，2015—2019年该坡度范围内增加了12.19平方千米。坡度在［10°，15°）范围内分布有93.43平方千米农村房屋建筑，约占农村房屋建筑总面积的5.77%，2015—2019年该坡度范围内增加了4.50平方千米。坡度在［15°，25°）范围内分布有64.28平方千米农村房屋建筑，约占农村房屋建筑总面积的1.64%，2015—2019年该坡度范围内增加了3.21平方千米。坡度在25°以上范围内分布有少部分房屋建筑，面积为14.04平方千米，约占农村房屋建筑总面积的0.36%，2015—2019年该坡度范围内房屋建筑面积有少许增加，集中分布在卢氏的南部、栾川的西部、巩义市东部等区域，灵宝市、洛宁县、嵩县等区域零星分布。

表4-7　2015年、2019年不同高程范围内农村房屋建筑区分布特征

坡度	2015年		2019年		变化量	
	面积 （平方千米）	占比 （％）	面积 （平方千米）	占比 （％）	面积 （平方千米）	占比 （％）
<5°	3 330.41	89.83	3 521.56	89.85	191.15	90.28
［5°，10°）	213.77	5.77	225.96	5.77	12.19	5.76
［10°，15°）	88.93	2.40	93.43	2.38	4.50	2.13
［15°，25°）	61.08	1.65	64.28	1.64	3.21	1.51
≥25°	13.36	0.36	14.04	0.36	0.68	0.32
合计	3 707.55	—	3 919.28	—	211.73	—

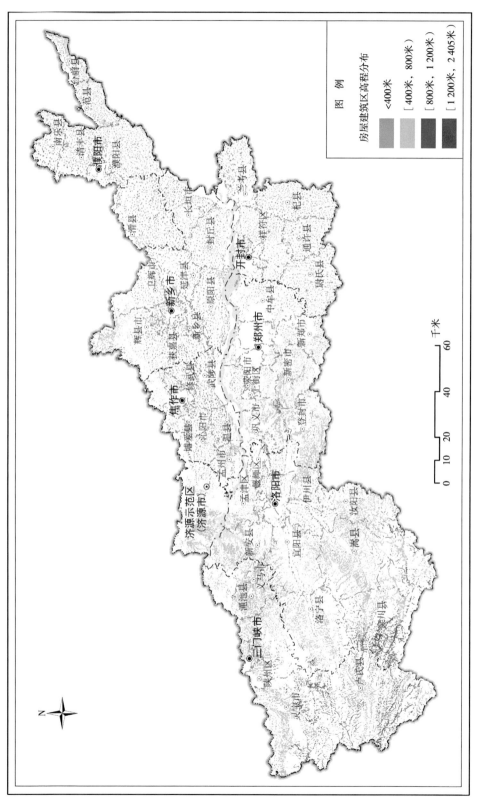

图4-25　河南省沿黄区域农村房屋建筑区高程分布

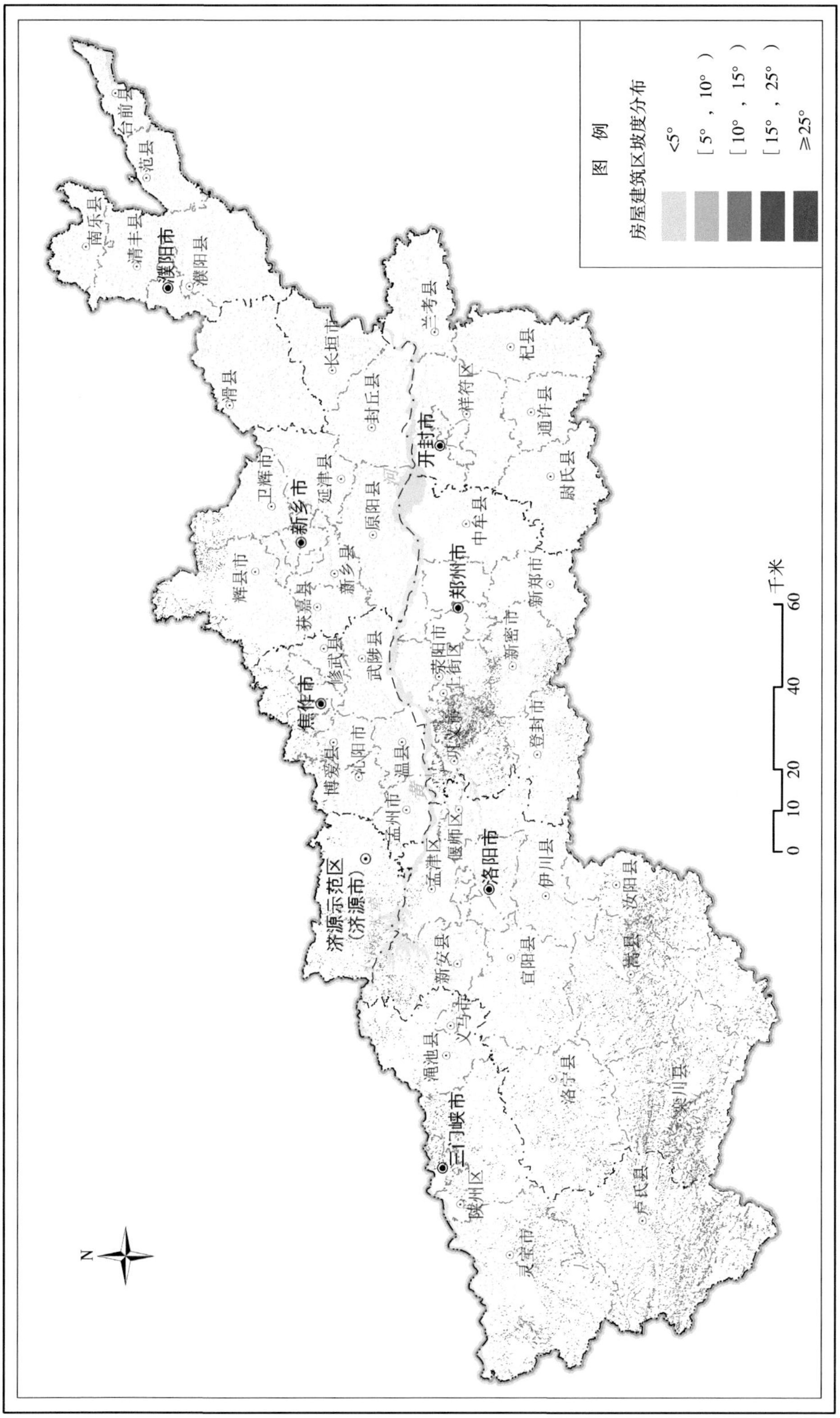

图4-26 河南省沿黄区域农村房屋建筑区坡度分布

4.4 交通设施覆盖及服务能力

交通设施是支撑区域经济发展的重要基础设施之一，是评估区域经济发展水平的重要指标。河南省地处我国中心地带，地理位置具有承东启西、连贯南北的重要作用，是"一带一路"倡议的重要综合交通枢纽，基础设施网络体系建设成为河南省经济发展的基础保障和必然需求。近年来随着社会经济的快速发展，河南省的交通需求也得到了迅猛增长。

目前，河南省已初步形成了集铁路、公路、航空为一体的立体化交通网络，京广高铁、徐兰高铁"十"字通道建成，京港澳、连霍高速公路以及国道107线、310线在此交汇，形成国家公路"双十字"交叉；郑州至开封、洛阳、新乡、焦作、许昌5市之间的快速通道网络逐步建成，中心城区到周边城市组团之间一级公路快速通道网络已基本形成，以郑州为中心的"米"字形快速铁路网、中原城市群城际铁路网初具形态；干支结合、货运优先、突出中转的民航运输体系和航线网络初步形成。包括"三港、四枢、多站、大口岸"一体化联动的综合交通发展体系。

交通网络，这里主要指由铁路、公路组成的相互连接、交织而成的不同形式和层次的交通运输网。交通网络对城市间经济社会资源的交换、互动、合作、发展起到促进和承载的作用，同时人们的生产和生活也都极大地依赖于城市的交通基础设施。因此评估城市交通网络系统的发展状况能真实地反映城市和区域的发展状况。

4.4.1 道路网络密度

城市道路是全国地理国情普查采集的国道、省道、县道、乡道、连接道、专用公路及其他道路的统称。道路路网密度是指区域内道路长度与该区域面积的比值，是评价城市道路路网是否合理的基本指标之一。反映了区域内交通设施及服务能力的强弱，其道路网络密度越大，反映交通运输的网络越密集，表明区域内交通运输网络越发达，城市交通设施越健全，对城市发展的支撑能力就越强。

河南省沿黄区域2015年、2019年的道路网络密度均值为0.64千米/平方千米和0.68千米/平方千米，均高于同时期河南省均值0.62千米/平方千米和0.65千米/平方千米。由表4-8的数据来看，区域整体道路网络密度有所提升，由2015年的0.64千米/平方千米提高到2019年的0.68千米/平方千米，各省辖市的道路网络密度都有所提升。

河南省沿黄区域内各省辖市之间道路网络密度差异显著，其中郑州市、焦作市、濮阳市的道路网络密度在全省平均水平之上，同时也在沿黄区域均值水平之上。2015年焦作市的道路网络密度最高，为0.92千米/平方千米；其次是郑州市、濮阳市，分别为0.88千米/平方千米、0.85千米/平方千米；洛阳市2015年的道路网络密度全区最低，为0.41千米/平方千米。

如表4-8、图4-27所示，2019年河南省沿黄区域各省辖市的道路网络密度均值为0.68千米/平方千米，其中焦作市、濮阳市、郑州市道路网络密度在全区平均水平之上，而焦作市、郑州市的道路网络密度最高，为0.95千米/平方千米；洛阳市、三门峡市的道路网络密度全区最低，分别为0.43千米/平方千米、0.45千米/平方千米。

表4-8　2015年、2019年河南省沿黄区域道路网络密度

名称	道路网络密度（千米/平方千米）		变化强度（%）
	2015年	2019年	
郑州市	0.88	0.95	7.95
洛阳市	0.41	0.43	4.88
开封市	0.53	0.59	11.32
新乡市	0.55	0.59	7.27
焦作市	0.92	0.95	3.26
濮阳市	0.85	0.92	8.24
三门峡市	0.44	0.45	2.27
济源市	0.5	0.55	10.00

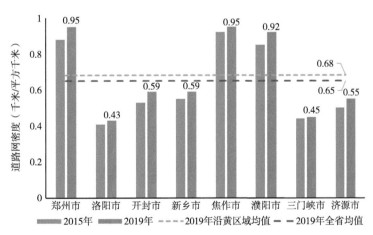

图4-27　2015年、2019年河南省沿黄区域道路网络密度

河南省沿黄区域各省辖市的道路网络密度总体呈现出东高西低的特征。从区域空间分布上看，受地形特征、经济等因素影响，豫北、豫中道路密度大于豫南，豫东道路密度大于豫西。豫北、豫中地区地形相对平坦，交通条件相对较好，交通建设发展

较有优势。山区大多分布在豫西、豫南地区，其地势较高，植被状况良好，且有多个自然保护区、水源涵养区等生态保护区，在一定程度上限制了城市的交通建设发展，其整体道路网络密度低于其他区域。

4.4.2 等级公路网络密度

等级公路网络密度是指地理国情普查采集区域内的不同等级公路长度与该区域面积的比值，用于衡量该区域交通覆盖能力的强弱。可直观反映交通发展水平及交通运输业的发达程度。一般来说，等级公路的网络密度越大，该区域内交通网络覆盖的深度越大，交通服务能力相对越强。等级公路主要包括高速公路、一级公路、二级公路。

由表4-9可知，河南省沿黄区域各省辖市的二级公路网络密度均高于一级公路网络密度和高速公路网络密度，而一级公路网络密度在2015—2019年快速增长，其中鹤壁市、济源市、焦作市、洛阳市、三门峡市分别由2015年的0米/平方千米增长至59.47米/平方千米、17.24米/平方千米、2.04米/平方千米、7.48米/平方千米、7.00米/平方千米。数据表明，2015年以前鹤壁市、济源市、焦作市、洛阳市、三门峡市的交通网络系统不完善，不具备一级公路。类似的几乎没有一级公路的城市还有开封市、漯河市、商丘市，其2015年一级公路网络密度均低于0.5米/平方千米。

表4-9　2015年、2019年河南省沿黄区域等级公路网络密度（米/平方千米）

省辖市	2015年等级公路网络密度			2019年等级公路网络密度		
	一级公路	二级公路	高速公路	一级公路	二级公路	高速公路
郑州市	17.33	204.61	70.68	69.55	207.11	89.22
开封市	0.02	165.73	48.64	10.89	178.06	74.05
洛阳市	0	116.78	34.72	7.48	98.33	35.28
新乡市	6.41	154.19	30.07	22.26	226.71	32.79
焦作市	0	297.87	53.54	2.04	312.06	62.56
濮阳市	20.23	175.19	33.36	56.06	172.24	47.41
三门峡市	0	58.97	40.5	7	94.35	44.27
济源市	0	105.01	56.6	17.24	182.29	61.4

由表4-10、图4-28、图4-29的数据得出，河南省沿黄区域内各省辖市的二级公路网络占等级公路网络中的较大份额，承担了交通运输的主要任务。区内各省辖市的二级公路网络密度均高于一级公路及高速公路。其中，二级公路网络密度最高的城市是焦作市，其2015年和2019年二级公路网络密度分别为297.87米/平方千米，312.06米/平方千米；其次是郑州市，其2015年二级公路网络密度为204.61米/平方千米，然而其2019年二级公路网络密度为207.11米/平方千米，相比之下，新乡市2015年的二级公路网络密度为154.19米/平方千米，经过5年的发展，2019年新乡市的二级公路网络密度已经超过了郑州市，排名第二，为226.71米/平方千米。

由表4-10、图4-30可以看出，河南省沿黄区域内各省辖市2015—2019年高速公路网络密度呈现稳定上升趋势，其中区内2015年高速公路网络密度最大的是郑州市，为70.68米/平方千米；其次是济源市、焦作市，分别为56.60米/平方千米、53.54米/平方千米，其高速公路网络密度均在50米/平方千米以上。2019年区内高速公路网络密度最大的是郑州市，为89.22米/平方千米；其次是开封市、焦作市、济源市，分别为74.05米/平方千米、62.56米/平方千米、61.40米/平方千米，其高速公路网络密度均在50.00米/平方千米以上。对比2015年和2019年的数据可以得出，高速公路网络密度增加最多的城市为开封市，其高速公路网络密度由2015年的48.64米/平方千米增长到2019年的74.05米/平方千米，表明开封市在2015—2019年高速公路建设发展迅猛，类似的还有郑州市、濮阳市，其高速公路网络密度增量分别为18.54米/平方千米、14.05米/平方千米；表明这些城市的高速公路网络也处于快速发展时期。

表4-10 2015—2019年河南省沿黄区域等级公路网络密度增量（米/平方千米）

各省辖市	一级公路增量	二级公路增量	高速公路增量
郑州市	52.22	2.51	18.54
开封市	10.86	12.33	25.40
洛阳市	7.48	-18.45	0.56
新乡市	15.84	72.51	2.71
焦作市	2.04	14.19	9.02
濮阳市	35.82	-2.95	14.05
三门峡市	7.00	35.38	3.77
济源市	17.24	77.28	4.80

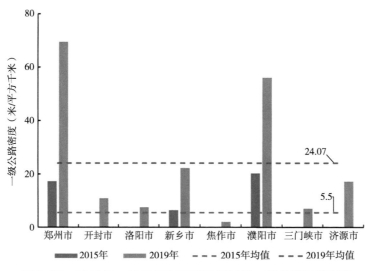

图4-28 2015年、2019年河南省沿黄区域一级公路网络密度

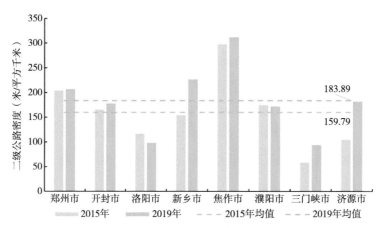

图4-29 2015年、2019年河南省沿黄区域二级公路网络密度

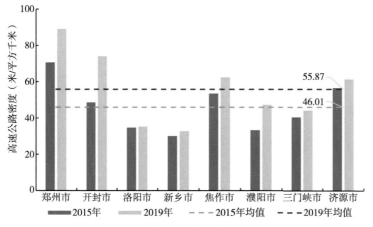

图4-30 2015年、2019年河南省沿黄区域高速公路网络密度

从区域空间分布上来看，河南省沿黄区域内各省辖市的等级公路网络密度整体呈现出豫中、豫北高，豫西、豫东低的特点。郑州市、焦作市、许昌市、新乡市、开封市等城市的等级公路网络密度明显高于其他城市区域，其分布特征与经济区位大致吻合，由于交通网络的发达程度与城市间的经济联系有着密切的关系，且郑州市位于河南省经济增长的核心区位，带动周边城市形成"一极三圈八轴带"的发展模式，则豫西和豫北区域由于区域位置较为远离核心区域，其等级公路网络密度与豫中地区相比相对较低。

4.4.3　城市道路网络密度

城市道路网络密度是地理国情普查采集的区域内城市道路长度与该区域面积的比值。它在一定程度上反映出区域内城市的交通覆盖度的大小，也从侧面反映出一个区域的交通运输能力。一般来说，城市道路网络密度越大的城市，相应的交通设施及服务能力越完善。

2015年河南省沿黄区域各省辖市城市道路网络密度的平均值为187.32米/平方千米，高于同时期全省均值160.27米/平方千米。其中，焦作市、郑州市2015年的城市道路网络密度在全省均值水平之上，郑州市的城市道路网络密度最高，为458.91米/平方千米；其次是焦作市，为285.98米/平方千米；三门峡市的城市道路网络密度最低，为55.43米/平方千米。

2019年河南省沿黄区域内各省辖市乡村道路网络密度的平均值为233.96米/平方千米，高于同时期全省均值196.47米/平方千米。其中，焦作市、新乡市、郑州市2019年的城市道路网络密度在全省均值水平之上，郑州市的城市道路网络密度最高，为659.69米/平方千米；其次是焦作市，为285.98米/平方千米；三门峡市的城市道路网络密度最低，为60.77米/平方千米。

同时，由表4-11、图4-31可以得出，2015—2019年，郑州市的城市道路网络密度增长速度最快，由458.91米/平方千米增加到659.69米/平方千米；其次是濮阳市，由153.4米/平方千米增加到193.54米/平方千米。增长相对较慢的城市有济源市和三门峡市。对比结果可以发现，这些也是区内各省辖市中城市道路网络密度较低的城市，表明其城市道路交通网络发展相对较慢。

表4-11　2015年、2019年河南省沿黄区域城市道路网络密度

名称	城市道路网络密度（米/平方千米）		变化强度（%）
	2015年	2019年	
郑州市	458.91	659.69	43.75

（续表）

名称	城市道路网络密度（米/平方千米）		变化强度（%）
	2015年	2019年	
开封市	139.77	174.77	25.04
洛阳市	112.23	138.79	23.67
新乡市	178.32	199.83	12.06
焦作市	250.75	285.98	14.05
濮阳市	153.4	193.54	26.17
三门峡市	55.43	60.77	9.63
济源市	149.78	158.27	5.67

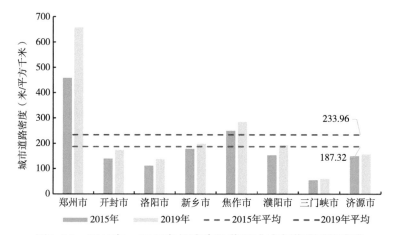

图4-31　2015年、2019年河南省沿黄区域城市道路网络密度

从空间分布上看，河南省沿黄区域城市道路网络密度空间分布区域差异明显，呈现出以郑州市为核心，随着与郑州市距离的增加城市道路网络密度呈现逐渐递减的圈层状规律。受地形、自然社会等因素的影响，城市道路网络密度具有豫北区域高于豫南区域、豫东区域高于豫西区域的特征。郑州市的城市道路网络密度远高于河南省的其他城市，且增长迅速。这是因为郑州市是全省的经济核心，其经济产值在全省经济总量中占据核心位置，而经济的迅猛发展也带来了人口密度的增大，与周边城市的经济社会交通也越密切，使得周边城市的城市交通网络密度相对于其他地区较大。同时，受地形因素、城市建设等因素的影响，豫西、豫南区域的山区较多，其自然植被覆盖较好，城市道路网络密度较低。豫中地区地形相对平坦，城市交通设施的发展具有先天优势，且受到郑州市的辐射带动，其城市道路网络较为密集。豫东以发展农业为主，其地势起伏平缓，产业基础相对薄弱，经济实力相对较弱，其城市道路网络密度较低。

4.4.4 乡村道路网络密度

乡村道路是完整的公路网络的重要组成部分，是乡村社会经济发展的重要基础设施之一，乡村道路包括县道、乡道、村道等，直接关系农村的生产和出行，近年来，由于河南省在乡村道路建设上的大力投入，乡村公路体系得到了快速发展，已初步形成较完善的乡村道路网络。

2015年河南省沿黄区域各省辖市乡村道路网络密度的平均值为17 060千米/平方千米，低于同时期全省均值18 852千米/平方千米，其中济源市、开封市、濮阳市3个省辖市2015年的乡村道路网络密度在全省均值水平之上，济源市的乡村道路网络密度最高，为22 767千米/平方千米；其次是濮阳市、开封市、新乡市，分别为21 823千米/平方千米、1 9430千米/平方千米、16 955千米/平方千米；三门峡市的乡村道路网络密度最低，为9 486千米/平方千米。

2019年河南省沿黄区域各省辖市乡村道路网络密度的平均值为17 473米/平方千米，低于同时期全省均值19 327千米/平方千米，其中济源市、开封市、濮阳市3个省辖市2019年的乡村道路网络密度在全省均值水平之上。济源市的乡村道路网络密度最高，为22 969千米/平方千米；其次是濮阳市、开封市、郑州市，分别为21 834千米/平方千米、19 569千米/平方千米、16 523千米/平方千米；三门峡市的乡村道路网络密度最低，为10 437千米/平方千米。其中，洛阳市、三门峡市的乡村网络密度增长相对较多，表明2015—2019年其乡村道路交通网络发展较快。而新乡市的乡村道路交通网络出现了负增长，表明其乡村道路交通网络发展相对较慢。

由表4-12可以看出，2015—2019年河南省沿黄区域内大部分城市的乡村道路网络密度略有增长，部分城市出现零增长和负增长。其中，增长幅度最大的是洛阳市，由2015年的15 808千米/平方千米增长至2019年的17 410千米/平方千米，其次是三门峡市，由2015年的9 486千米/平方千米，增长至2019年的1 0437千米/平方千米；其中新乡市的乡村道路网络密度略有减少；而2015年河南省沿黄区域乡村道路密度相对较大的濮阳市、开封市、济源市，其2019年乡村道路密度几乎没有变化。

表4-12　2015年、2019年河南省沿黄区域乡村道路网络密度

名称	乡村道路网络密度（千米/平方千米）		变化强度（%）
	2015年	2019年	
郑州市	16 176	16 523	2.15
开封市	19 430	19 569	0.72
洛阳市	15 808	17 410	10.13
新乡市	16 955	16 878	-0.45

（续表）

名称	乡村道路网络密度（千米/平方千米）		变化强度（%）
	2015年	2019年	
焦作市	14 035	14 165	0.93
濮阳市	21 823	21 834	0.05
三门峡市	9 486	10 437	10.03
济源市	22 767	22 969	0.89

河南省沿黄区域各省辖市乡村道路网络密度整体上呈现出豫北和豫中区域较高、豫西区域较低的分布规律。区内豫北区域的济源市、濮阳市的乡村道路网络密度较高；豫中地区的开封市、新乡市的乡村道路网络密度也相对较高；豫西地区的三门峡市、洛阳市、焦作市的乡村道路网络密度相对较低。这主要是受到各城市的经济区位、地形等自然和社会因素的影响，豫北、豫中地区的经济发展比较好，同时面积占比较小，其乡村道路密度较大。而豫西区域山地地形的占比较大，区域面积较大，适宜生活的区域较密集，因而乡村道路网络密度较低（图4-32）。

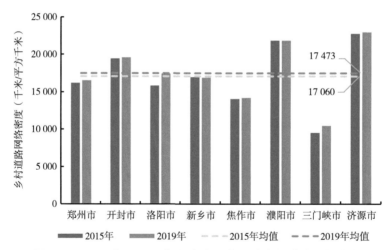

图4-32　2015年、2019年河南省沿黄区域乡村道路网络密度

4.4.5　路面人均占有量

路面人均占有量是地理国情普查采集的区域路面总面积与该区域人口总数的比值，是道路面积的人均拥有量，反映了一个城市的交通拥挤程度。一般来说，路面人均占有量与交通网络覆盖面积呈负相关，路面人均占有量的值越大，其交通网络覆盖的能力越差，交通设施和服务能力就越弱。依据中国《城市规划定额指标暂行规

定》，我国城市道路的路面人均占有量近期指标为6～10平方米/人，远期11～14平方米/人。国外发达城市一般达20平方米/人以上。

从表4-13、图4-33可以得出，2015年河南省沿黄区域各省辖市的平均人均路面占有量为31.23平方米/人，2019年区内各省辖市的平均人均路面占有量为34.88平方米/人，均高于同一时期全省各省辖市的平均值28.04平方米/人、31.18平方米/人；濮阳市、焦作市、三门峡市、济源市4个省辖市超过全省均值水平，郑州市、开封市、洛阳市、新乡市4个城市低于全省均值水平。其中，济源市的路面人均占有量最高，为51.11平方米/人；其次是三门峡市、焦作市、濮阳市，路面人均占有量分别为38.73平方米/人、29.25平方米/人、28.44平方米/人。开封市、郑州市、新乡市的路面人均占有量较低，分别为24.10平方米/人、24.90平方米/人、25.65平方米/人。

2019年沿黄区域各省辖市中洛阳市、焦作市、三门峡市、濮阳市、济源市5个省辖市超过区内平均值水平；郑州市、开封市、新乡市3个城市低于平均值水平。其中，济源市的路面人均占有量最高，为55.52平方米/人；其次是三门峡市、濮阳市、焦作市，路面人均占有量分别为43.00平方米/人、32.40平方米/人、31.91平方米/人。新乡市、开封市的路面人均占有量较低，分别为27.35平方米/人、27.55平方米/人（图4-33）。

2015—2019年，区内各省辖市的人均路面占有量均有增加，其中郑州市的路面人均占有量增加最多，由2015年的24.9平方米/人，增长到2019年的29.67平方米/人；其次为济源市和三门峡市，分别由51.11平方米/人、38.73平方米/人增长到55.52平方米/人、43.00平方米/人；而增速相对较慢的城市为新乡市，由2015年的25.65平方米/人增长到2019年的27.35平方米/人。

表4-13　2015年、2019年河南省沿黄区域路面人均占有量

名称	路面人均占有量（平方米/人）		变化强度（%）
	2015年	2019年	
郑州市	24.90	29.67	19.16
开封市	24.10	27.55	14.32
洛阳市	27.64	31.62	14.40
新乡市	25.65	27.35	6.63
焦作市	29.25	31.91	9.09
濮阳市	28.44	32.40	13.92
三门峡市	38.73	43.00	11.03
济源市	51.11	55.52	8.63

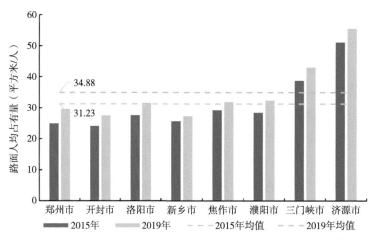

图4-33 2015年、2019年河南省沿黄区域路面人均占有量

从空间分布上看，河南省沿黄区域各省辖市的路面人均占有量分布与城市人口总数、经济总量之间具有负相关性，呈现出西部区域的路面人均占有量比东部区域高，豫北区域相对豫中区域较高的趋势。豫中地区虽然经济发展较好，但由于人口也相对较集中，其路面人均占有量与其他区域相比较低。

4.5 产业发展对生态环境的胁迫分析

在中部崛起、黄河生态保护和高质量发展的国家战略驱动下，河南省经济得到一定发展，人均地区生产总值超过56 000元，城镇化率达到53.21%，但仍存在诸多问题，综合实力仍然不强，发展水平和层次不高，产业结构不够完善，工业结构重型化，装备制造业发展程度较低，质量效益较低，大气污染治理和生态修复任务艰巨。

4.5.1 产业结构与产业类型

如图4-34所示，郑州市、洛阳市、开封市呈现出"三二一"产业结构，其中郑州市和洛阳市作为河南省中心和副中心，第三产业所占比重均超过了50%；开封市作为河南省重要的农业种植区，承担粮食安全重任，一产比重达到13.64%，远超过河南省沿黄城市平均水平。济源市、焦作市、三门峡市、濮阳市、新乡市仍表现为传统的"二三一"产业结构，其中以济源市第二产业所占比重最高，达到64.8%，焦作市达到56.6%，济源市和焦作市作为传统的资源型城市，对第二产业尤其是工业依赖程度较大。

工业作为河南省第二产业的关键组成部分，其对地区生产总值的贡献力度较大，是促进经济增长的重要推动力。对河南省沿黄8个地市占工业增加值比重前五的产业类型进行整理，整体上以能源原材料采掘和加工业为主，郑州市计算机、通信和其他电子设备制造业和汽车制造业占比较高，高新技术产业发展优于其他地市；开封市以纺织业、农副产业加工业、塑料制品业等制造业为主，能源原材料产业占比较少（表4-14）。

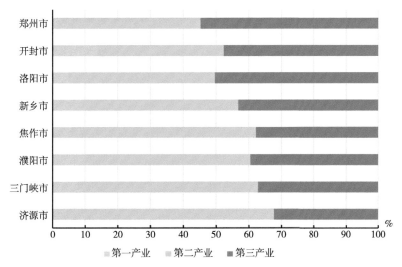

图4-34　河南省沿黄区域产业结构

表4-14　河南省沿黄区域工业增加值比重前五产业类型

省辖市	产业类型				
郑州市	非金属矿物制品业	烟草制品业	计算机、通信和其他电子设备制造业	电力、热力生产和供应业	汽车制造业
开封市	纺织业	农副产品加工业	化学原料及化学制品制造业	塑料制品业	木材加工及木、竹、藤、棕、草制品业
洛阳市	非金属矿物制品业	有色金属冶炼和压延加工业	专用设备制造业	通用设备制造业	电力、热力生产和供应业
新乡市	通用设备制造业	电力、热力的生产和供应业	化学原料及化学制品制造业	电气机械和器材制造业	非金属矿物制品业
焦作市	非金属矿物制品业	化学原料及化学制品制造业	橡胶和塑料制品业	皮革、毛皮、羽毛及其制品和制鞋业	通用设备制造业
濮阳市	化学原料及化学制品制造业	农副食品加工业	电气机械及器材制品业	非金属矿物制品业	橡胶和塑料制品业

（续表）

省辖市	产业类型				
三门峡市	有色金属矿采选业	有色金属冶炼和压延加工业	非金属矿物制品业	煤炭开采和洗选业	电力、热力生产和供应业
济源市	有色金属冶炼和压延加工业	黑色金属冶炼和压延加工业	计算机、通信和其他电子设备制造业	电力、热力生产和供应业	石油加工、炼焦和核燃料加工业

4.5.2　产业发展对生态环境的胁迫

河南地质构造复杂，成矿条件优越，是全国矿产资源大省之一，现已形成三大优势矿产系列。首先是能源系列，煤炭产量居全国第二，拥有中原油田（濮阳市）和河南油田（南阳市）；其次为有色金属和贵金属矿产资源，蓝晶石、铸型用砂等矿产居全国第一，金、铝均居全国第一；非金属矿产资源，耐火黏土、珍珠岩、天然碱、溶剂用灰岩、盐、水泥灰岩六大非金属矿储量均居全国前列。但因水资源及技术制约，多以资源开采和初步加工为主，产业链条短，产品效益低，污染排放有待控制。

水资源约束是沿黄区域产业发展的主要资源限制因素之一。河南省沿黄区域可利用水资源以黄河过境水为主，水资源短缺，时空分布不均，利用难度大。2018年河南省沿黄8地市水资源总量不足全国的1%，人均水资源量不足全国平均水平的1/5，经济社会用水需求已超出流域水资源承载能力，水资源供需矛盾形势严峻。

4.5.2.1　大气污染物

以能源原材料采掘、加工为主的工业结构导致区域大气煤烟型污染严重。从河南沿黄城市能源基础原材料工业部门比重与工业SO_2、工业烟（粉）尘排放量的空间耦合图（图4-35、图4-36）可以看出，河南省沿黄区域工业SO_2与工业烟（粉）尘排放高值区主要集中在郑州、焦作、济源，这些地区能源原材料工业部门占规模以上企业工业增加值的比重在30%以上，济源市能源原材料工业部门占比52.3%；以煤为主的能源消费结构也加剧了工业SO_2与工业烟（粉）尘的排放。三门峡由于山地面积较大，单位面积上工业SO_2与烟（粉）尘的排放量处于中等水平，但排放总量仍然偏大。大规模的大气污染物排放不仅导致当地SO_2、烟（粉）尘污染物排放超标，还会在高空大气环流的带动下影响到临近地市。

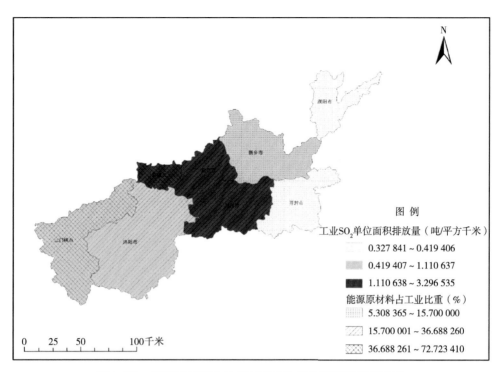

图4-35　能源原材料占比与工业SO₂单位面积排放量耦合

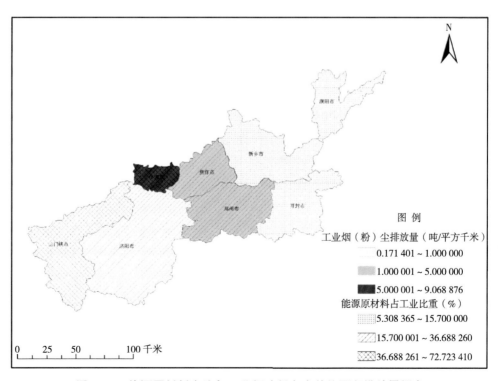

图4-36　能源原材料占比与工业烟（粉）尘单位面积排放量耦合

4.5.2.2 水资源与水环境

能源原材料、高新技术以外的其他制造业加剧水资源与水环境压力。从河南沿黄城市其他制造业部门比重与工业废水排放量的空间耦合图（图4-37）可以看出，河南省沿黄区域工业废水高值区主要集中在开封、郑州、焦作、新乡，这些地区其他制造业部门占规模以上企业工业增加值的比重在50%以上，其中开封占比最高，可达89.63%。

化学原料及化学制品制造业、农副产品加工业、电力、热力生产和供应业、纺织业等产业类型对水资源、水环境胁迫影响明显。工业废水单位面积排放量较高的城市工业增加值比重前五产业大多包括化学原料及化学制品制造业（开封、焦作、新乡、濮阳）、农副产品加工业（开封、濮阳）、电力、热力生产和供应业（郑州、新乡、济源）、纺织业（开封）等，这些产业原料消耗高、用水量大，水资源消耗严重；且污水中所含的化学物质容易致使污水色度深、碱度大，难降解物质含量高、好氧量大，进而造成整个水体的污染和生态环境的严重破坏，对水环境胁迫影响巨大。

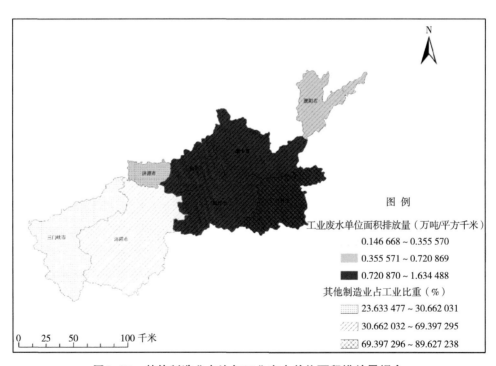

图4-37 其他制造业占比与工业废水单位面积排放量耦合

4.5.3 实现产业高质量发展与生态环境保护的主要路径

目前河南省沿黄区域以能源重化工产业为主的产业结构、过高的产业规模、较低的资源环境效率导致流域性水环境、城市群大气环境污染均面临严峻形势。这些生态环境问题产生的核心原因在于地区产业发展规模与地区资源环境承载力的不匹配、产业布局与生态安全格局的不匹配，以及发展意愿与保护目标的不匹配。因此，要实现河南省沿黄区域生态环境保护和产业高质量发展，必须要解决产业结构优化的问题，重视资源约束的必要性，协调产业开发布局与流域生态环境安全格局稳定的关系。

调整产业结构，积极推进以先进制造业为核心的新型工业化。按照循环经济理念和生态工业模式，抓住5G、互联网+、区块链等契机，以信息化促进地区工业组织与生产方式的转型，大力发展高成长型产业、培育战略性新兴产业，优化调整传统主导产业。加快工业结构调整，全面推动工业由主要依赖资源消耗型向科技创新驱动型转变，由粗放型向集约集聚型转变，形成结构合理、特色鲜明、节能环保、竞争力强的循环高效型工业产业体系。要弱化能源基础原材料基地的定位，着力发展电子信息、装备制造、汽车及零部件、食品、现代家居、服装服饰等高成长性制造业，培育壮大生物医药、节能环保、新能源、新材料等战略性新兴产业，积极拓展现代服务业。

强调资源约束，大力促进产业效率提高和规模控制。基于区域水资源短缺、水污染严重、生态环境脆弱的环境背景因素，坚持"以水定产"，合理确定煤化工等重点产业的发展规模。实施以资源环境指标为约束的"倒逼"机制，加大主要污染物总量减排、浓度控制的项目建设。要加快提升煤炭、电力、煤化工、冶金等行业的生产工艺水平，探索实施多联产能源系统、煤电化（油）一体化等项目，提高地区资源利用技术水平，降低单位产品环境负荷。

优化产业空间布局，稳定保障产业发展与生态环境安全格局。按照区域自然条件、资源环境承载能力和经济社会发展基础，确定合理的产业发展空间与重点能源基础原材料产业的发展规模。通过推进产业结构升级和空间布局优化，促进区域生态环境质量的改进与提升。推进中原城市群的产业集聚区建设，促进产业向园区集聚以及污染处理设施的统一建设。加强对国家重要生态功能区的空间保护，调整优化煤炭、石化、金属采选等行业的布局，使其与国家水源涵养、水土流失保护等重要生态功能区内的保护建设相协调。在流域内实行严格的环境准入政策，对于某些环境敏感区要划定产业负面清单，禁止某些高污染行业的进入。

4.6 本章小结

通过对沿黄区域国土空间开发基本特征及房屋建筑、农村居民点、交通设施等城乡建设状况分析，得到的主要结论如下。

4.6.1 河南省沿黄区域开发强度高于全省水平，空间上呈现以郑州为中心的圈层结构

河南省沿黄区域开发强度显著高于全省水平，黄河下游区域显著高于中游区域。形成了明显的空间聚集特征，开发强度在空间上形成了以郑州市、焦作市为中心的中部高值区，郑州市开发强度最高为29.01%，以郑州市为中心，开发强度呈现圈层集聚的特征。开发强度空间分布呈现下游区域高于中游区域。

4.6.2 开发强度与经济、人口密度分布呈现显著正相关性，空间呈现明显聚集特性

经济密度与开发强度呈现显著的正相关性，R^2均高于0.7；人口密度与开发强度呈现显著的正相关性，R^2均高于0.8。沿黄区域经济密度与开发强空间集聚形态主要以低—低集聚和低—高集聚为主，2019年有7个县（市、区）呈现低—低聚集，集中分布在黄河中游的三门峡市和洛阳市，这些区域经济密度与开发强度均较低；低—高聚集区域有8个县（市、区），主要分布在洛阳的孟津县、洛龙区、伊川县及郑州市的荥阳市、新密市、中牟县及惠济区；呈现高—高集聚的区域主要分布在洛阳市、郑州市的市辖区及新郑市，这些区域经济密度较大，同时开发强度也处在区域高水平。人口密度与开发强度变化率的集聚特征西部区域呈现低—低集聚特征，在郑州市呈现高—高、低—高集聚的特征。

4.6.3 河南省沿黄区域交通设施覆盖水平高于全省水平，较2015年有所提升，空间分布差异显著

河南省沿黄区域道路网络密度为0.68千米/平方千米，高于全省水平（0.65千米/平方千米），较2015年提高了0.04千米/平方千米，3个省辖市（郑州市、焦作市、濮阳市）道路网络密度超过全省平均水平；等级公路中一级公路增长迅速，较2015年增长了337.65%。2019年河南省沿黄区域城市道路网络密度的平均值为187.32米/平方千米，高于同时期全省均值160.27米/平方千米。交通优势度区域差异突出，呈现出以郑州市为中心向外围递减的圈层状空间结构，平原高于山区，边缘地区最低。

5　城市扩展格局特征与演变

　　城市化进程是指土地覆盖和利用属性、人口和社会经济关系，以及生产生活方式从农村主导型向城市主导型转变的过程。其驱动因素十分复杂，涉及自然（如地形和资源）、经济（如经济增长模式和经济机构特征）和社会文化（如发展历史、社会政治地位和国家发展政策）等方面。

　　基于2000年、2005年、2010年、2015年和2019年的遥感影像、基础地理信息数据，开展河南省沿黄区域城区边界信息提取，从城市扩展过程、空间形态、扩展类型、空间结构演变等方面对城区空间演进过程进行分析。利用高分辨率数据提取了重点城市2015年、2019年主城区范围，然后利用河南省地理国情普查及监测数据提取重点城市景观要素，包括耕地、园地、林地、草地、房屋建筑物、道路、构筑物、人工堆掘地、水体。基于主城区2015—2019年扩展边界和景观要素特征，按照建城区、扩展区、非建成区3个层次分析城市精细化景观时空变化特征。

5.1　土地城市化格局与演变特征

　　土地城市化指在城市化过程中，非城市用地，如耕地、森林、草地等转化为城市建设用地，地表特征由非硬化地表转化为硬化地表的过程，是城市化过程最为直观的表现。快速精确地定量解析土地城市化不仅是城市化过程研究的基础，也是研究城市化对生态环境影响的基础。土地城市化格局与演变特征的定量分析不仅包括行政边界内人工表面的范围及其变化，还包括土地性质的转变和城市建成区面积扩张。地理国情普查数据中人工表面包括如下几种。

　　一是房屋建筑（区）。多层及以上房屋建筑（区）、低矮房屋建筑（区）、废弃房屋建筑（区）、多层及以上独立房屋建筑（区）、低矮独立房屋建筑（区）。

　　二是人工堆掘地。露天采掘场、堆放物、建筑工地和其他人工堆掘地。

　　三是道路。有轨道路路面、无轨道路路面。

　　四是构筑物。硬化地表、水工设施、城墙、温室、大棚、固化池、工业设施、沙和其他构筑物。

2015—2019年，沿黄区域人工表面面积大幅度增长，较2015年增长了14.73%（表5-1）。2015年人工表面为8 176.62平方千米，至2019年，增加至9 380.99平方千米，增加了1 204.37平方千米，人工表面面积占区域土地面积从2015年的13.8%增长至2019年的15.84%（图5-1）。其中郑州市、新乡市、洛阳市人工地表增加量较大，增加量均超过180平方千米，人工表面面积占区域土地面积分别从2015年的24.22%、15.88%、8.98%增长至2019年的29.01%、18.15%、10.18%。增长率较大的为郑州市、濮阳市、三门峡市，增长率分别为19.78%、16.75%、15.75%。

表5-1　2015年、2019年河南省沿黄区域人工表面变化情况（平方千米）

省辖市	2015年	2019年	2019年新增	增长率（%）
郑州市	1 833.19	2 195.78	362.59	19.78
洛阳市	1 369.21	1 552.77	183.56	13.41
开封市	994.05	1 121.12	127.07	12.78
新乡市	1 316.97	1 504.85	187.88	14.27
焦作市	821.61	911.1	89.49	10.89
三门峡市	563.61	652.4	88.79	15.75
濮阳市	778.41	908.79	130.38	16.75
济源市	203.49	213.62	10.13	4.98
滑县	296.08	320.56	24.48	8.27
合计	8 176.62	9 380.99	1 204.37	14.73

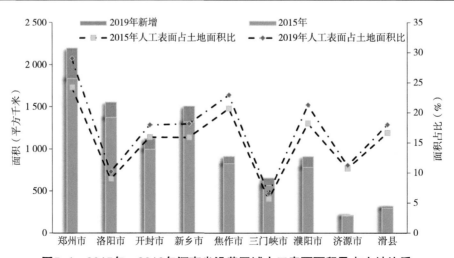

图5-1　2015年、2019年河南省沿黄区域人工表面面积及占土地比重

利用2015年、2019年两期地理国情数据在ArcGIS中进行叠加分析，生成河南省沿黄区域2015—2019年人工地表类型变化转移矩阵。如图5-2所示，2015—2019年，有1 013.86平方千米的种植土地和703.28平方千米的林草覆盖转化为人工表面，分别占到人工表面增加面积的57.5%和39.89%。郑州市的人工表面增加最多，增加的人工表面主要来自种植土地与林草覆盖的转化，分别占到人工表面增加面积的54.32%和43.85%。其次为洛阳市，增加的人工表面主要来自种植土地与林草覆盖的转化，分别占到人工表面增加面积的50.51%和44.13%。济源市人工表面增加面积最小，增加人工表面主要来自林草覆盖和种植土地的转化，分别占62.2%和35.63%（图5-3）。2015—2019年，有22.23平方千米的荒漠裸露地和23.96平方千米的水域转化为人工表面，其中洛阳市和新乡市分别有10.49平方千米和6.71平方千米的荒漠裸露地转化为人工地表，郑州市和洛阳市分别有8.54平方千米和5.72平方千米的水域转化为人工表面。随着城市发展，城市空间不断扩张，交通等基础设施建设，人工地表空间不断增加，自然空间不断减少（图5-4）。

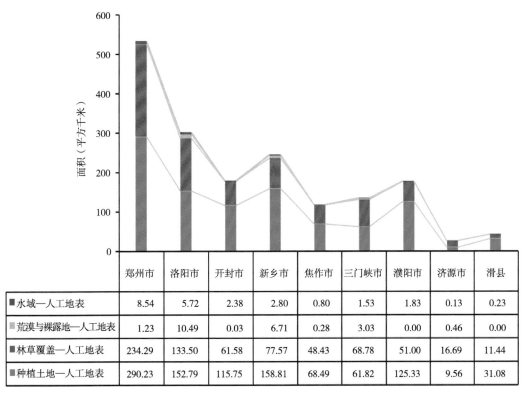

	郑州市	洛阳市	开封市	新乡市	焦作市	三门峡市	濮阳市	济源市	滑县
■水域—人工地表	8.54	5.72	2.38	2.80	0.80	1.53	1.83	0.13	0.23
■荒漠与裸露地—人工地表	1.23	10.49	0.03	6.71	0.28	3.03	0.00	0.46	0.00
■林草覆盖—人工地表	234.29	133.50	61.58	77.57	48.43	68.78	51.00	16.69	11.44
■种植土地—人工地表	290.23	152.79	115.75	158.81	68.49	61.82	125.33	9.56	31.08

图5-2 河南省沿黄区域人工表面变化转移

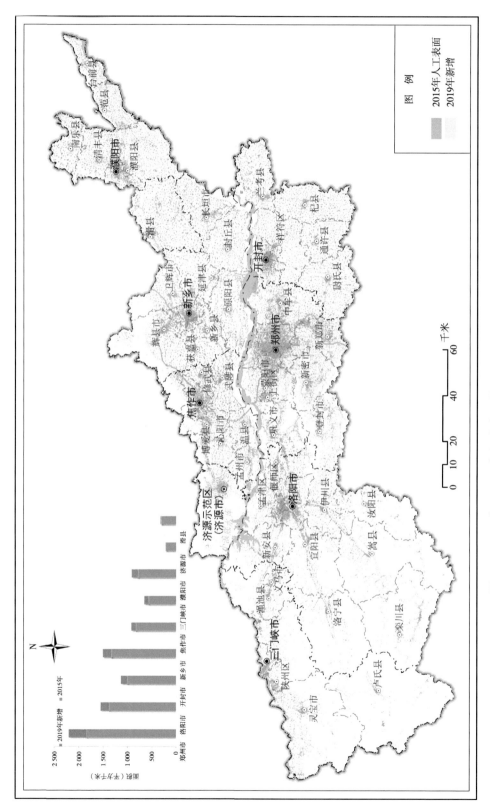

图5-3 2015年、2019年河南省沿黄区域人工表面空间分布及变化

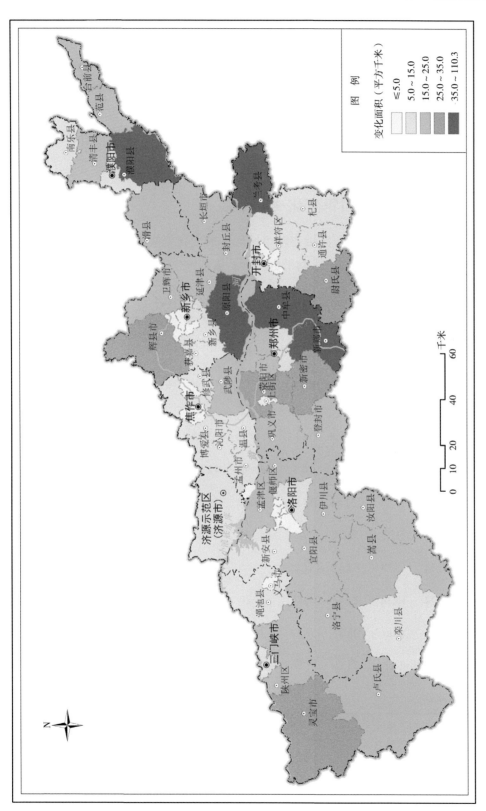

图5-4 2015—2019年河南省沿黄区域人工表面面积变化分布

5.2 城市扩张的空间格局特征

利用河南省沿黄区域的城区边界矢量数据，以城区面积、扩展面积和扩展强度为基本分析指标，结合行政区划界线，首先总体分析河南省沿黄区域市辖区城区面积及扩展情况，然后分析城区面积的空间差异。城区的扩展动态分析包括各个时期的总体扩展情况、城市内各区域各个时期的城区扩展面积空间差异、城市内各区域各个时期的城区扩展强度空间差异。

5.2.1 城区空间扩展面积变化

2000—2019年河南省沿黄区域省辖市城区扩展变化见表5-2，2000—2019年河南省沿黄区域省辖市城区扩展了505.44平方千米，占研究区市辖区面积的5.79%。

表5-2 河南省沿黄区域城区面积统计

省辖市	2000年		2005年		2010年		2015年		2019年	
	城区面积（平方千米）	城区面积占比（%）	城区面积（平方千米）	城区面积占比（%）	城区面积（平方千米）	城区面积占比（%）	城区面积（平方千米）	城区面积占比（%）	城区面积（平方千米）	城区面积占比（%）
郑州市	166.53	15.22	182.08	16.65	249.10	22.77	281.99	25.78	370.09	33.83
开封市	50.97	9.03	60.55	10.72	67.99	12.04	100.23	5.52	104.38	5.75
洛阳市	102.65	11.67	131.85	14.99	170.82	19.42	189.43	21.54	194.30	22.09
新乡市	50.93	11.79	53.30	12.34	82.39	19.08	88.69	20.54	92.34	21.38
焦作市	50.84	12.23	63.37	15.25	72.50	17.44	80.77	19.43	83.67	20.13
三门峡市	21.24	10.36	24.02	11.71	25.10	12.24	46.01	2.53	50.50	2.78
濮阳市	34.26	9.06	35.88	9.49	44.80	11.85	62.31	16.48	67.62	17.89
济源市	21.02	1.11	23.86	1.26	29.45	1.55	40.14	2.11	40.98	2.16
合计	498.44	—	574.91	—	742.15	—	889.57	—	1 003.88	—

注：2014年开封市撤销开封县，设立祥符区，因此2000年、2005年、2010年城区面积未统计祥符区，从2015年开始统计。2015年2月，陕县撤县设区获得国务院批复同意，因此三门峡城区面积从2015年开始统计陕州区。

5.2.1.1　从城区扩展面积统计

2000—2019年河南省沿黄区域城区扩展了505.44平方千米，其中第二阶段（2010—2019年）的扩展面积（261.73平方千米）高于第一阶段（2000—2010年）的扩展面积（243.71平方千米），其中8个地市中的郑州、开封等5个地市第二阶段扩展面积大于第一阶段，表明这些城市仍处于快速扩展阶段，而洛阳、新乡和焦作市扩展速度则趋于平缓。

5.2.1.2　从空间分布的区域差异统计

2000—2019年，郑州和洛阳市市辖区城区面积扩展最大。2000—2010年郑州、洛阳城区扩展面积较大，三门峡、济源市城区扩展面积较小，其他城市城区扩展差异并不显著。2010—2019年，随着郑州市人口和经济的高速增长，郑州市城区高速扩展，在这一阶段开封市市辖区城市扩展较快。受人口、经济以及相关政策因素的影响，如2011年《国务院关于支持河南省加快建设中原经济区的指导意见》，首次在国家层面明确提及"推进郑汴一体化发展"，郑州西部的"郑州高新技术产业开发区"和东部的郑东新区的建设都促进了城区的快速扩展。2000—2019年郑州市的城区总的扩展速率为10.72平方千米/年，2000—2005年为3.11平方千米/年，2005—2010年为13.4平方千米/年，2010—2015年为6.58平方千米/年，2015—2019年为22.03平方千米/年，城市保持持续快速扩展（图5-5、图5-6）。

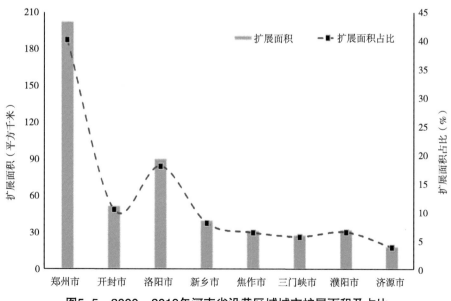

图5-5　2000—2019年河南省沿黄区域城市扩展面积及占比

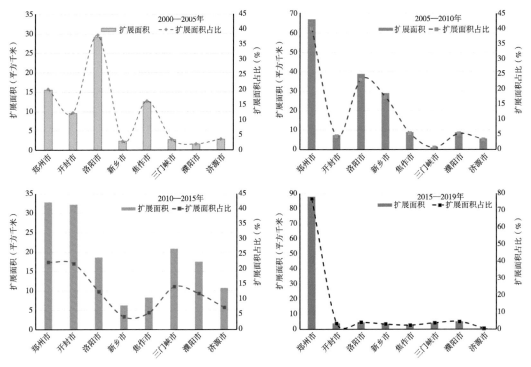

图5-6 不同时间段河南省沿黄区域城市扩展面积及占比

5.2.2 城市空间扩展方向演变

空间分异特征主要用于表示城区扩展面积、扩展面积占比、扩展强度等指标在各方向上的差异。城市空间扩展的方向性对于研究城市的发展是十分重要的,对城市管理更有应用价值。空间分异特征表达方式采用几何学上的象限方位分析法,以2000年主城区几何中心为原点,东西方向为横轴,南北方向为纵轴,按4个象限8个方位将研究区划分成8个象限区域,计算不同时段城市用地在各个象限方位区中的面积,从而分析城市用地在各个象限方位的扩展面积、扩展面积占比、扩展强度等特征,研究城市用地扩展变化的方向差异。

5.2.2.1 郑州市

郑州市城区扩展象限分析包括金水区、二七区、中原区、惠济区、管城回族区。选取郑州市市辖区2000年、2005年、2010年、2015年、2019年的城区空间信息,以郑州市市辖区城区范围的几何中心为基础,把郑州市划分为8个象限(图5-7),分析2000—2019年郑州市市辖区城区扩展面积和扩展强度的空间分异特征。

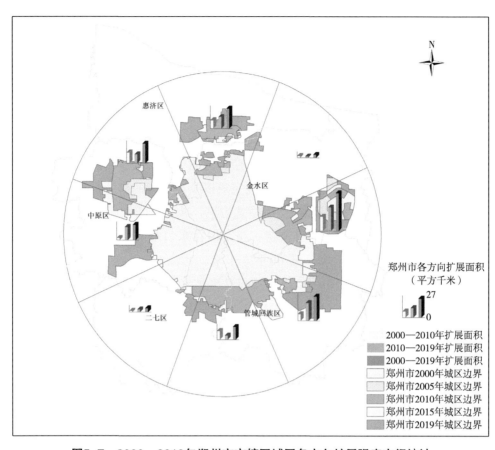

图5-7　2000—2019年郑州市市辖区城区各方向扩展强度空间统计

（1）从城区扩展面积统计。2000—2019年郑州市市辖区城区扩展了195.3平方千米，4个时间段（除2010—2015年）城市面积持续增加，其中2015—2019年的扩展面积为87.66平方千米，高于其他阶段，表明郑州市市辖区仍处于快速扩展阶段。

（2）从各方向扩展面积统计。表5-3、图5-8反映了2000—2019年郑州市市辖区（上街除外）城区在各方向空间的扩展情况。

● 2000—2019年，郑州市城区在各方向上均有扩张，各方向扩展面积和扩展强度不同，20年间向东方向扩展的面积最大，扩展面积为54.09平方千米；其次为东南方向，扩展面积为35平方千米。东北、西南方向扩展面积较少，分别为4.42平方千米、5.32平方千米。其他方向上城区扩张面积差异较小。

● 2000—2010年，城区主要在东方向上扩展面积最多，扩展面积为20.52平方千米，在北、东、南、西北方向扩展面积也超过10平方千米，东南方向也扩展了9.66平方千米。主要原因是为增强郑州中心城市功能，加快全省城市化进程，拉大城市框架，2001年起，郑州市规划建设一个新区——郑东新区；同时期东南、西、西北3个方向占比相当，原因分别为经济技术开发区与高新技术开发区同步建设。2000—2005年这个监测期内，郑州主城区的发展模式表现为蔓延扩展与跳跃相结合的扩展模式。这一时期，随着城市化进程的加剧和城市功能的日趋完善，城市建成区的面积急剧扩张，郑州西部的高新技术开发区、郑州东部的经济技术开发区以及郑东新区的规划及建设，实现郑州市城市空间的跨越式发展。2005—2010年，东、东南和南方向依然继续发展，郑东新区已成规模，龙子湖高校园区持续推进，3个方向的面积达到33.84平方千米，占比达到54.14%；同时，北方向与西北方向也稳步发展，两个方向面积占比达到36.77%，主要因为高新区的大学城建设完成以及惠济区的高速发展。在这个监测期内，郑州主城区的发展模式以轴向扩展模式为主，兼有蔓延扩展模式。

- 2010—2019年，郑州市城区快速扩张，但在东、东南方向上增幅最大，城区扩展面积分别为54.09平方千米、35.00平方千米，西南、南、东北方向扩展较小，出现了不均衡发展。其中2010—2015年郑州城区扩展强度有所放缓，扩展面积仅为30.45平方千米，为2005—2010年扩展面积的1/2，城区扩展主要集中在东、东南方向，扩展面积占59.05%。其他方向扩展速度大幅度放缓。2015—2019年郑州市扩展强度增加较为显著，扩展面积为2010—2015年这一阶段的2.88倍，东、东南方向继续保持高速扩展速度，两个方向的面积占比达到57.97%。与此同时，西方向发展显著，占比达到19.03%，究其原因，主要是郑州中原区四大中心的建设，引得正西方向也成为城市扩展的热点之一。在这个监测时期内，郑州主城区的发展模式表现为轴向发展与蔓延扩展相结合的模式，体现在东西两翼拓展。

表5-3 2000—2019年郑州市市辖区各象限城区面积扩展统计

方向	2000—2005年		2005—2010年		2010—2015年		2015—2019年		2000—2019年	
	扩展面积(平方千米)	扩展面积占比(%)	扩展面积(平方千米)	扩展面积占比(%)	扩展面积(平方千米)	扩展面积占比(%)	扩展面积(平方千米)	扩展面积占比(%)	扩展面积(平方千米)	扩展面积占比(%)
北	1.09	7.56	10.82	19.44	1.59	6.64	14.83	21.00	28.34	17.20
东北	1.54	10.61	1.09	1.96	0.00	0.00	1.80	2.55	4.42	2.69
东	7.04	48.69	13.47	24.19	11.50	47.99	22.07	31.26	54.09	32.83
东南	1.79	12.37	7.87	14.13	6.48	27.03	18.86	26.71	35.00	21.25
南	0.00	0.01	12.46	22.38	1.16	4.86	4.75	6.73	18.38	11.16
西南	0.14	1.00	1.51	2.72	1.13	4.73	2.53	3.59	5.32	3.23
西	0.00	0.00	3.09	5.55	5.45	22.73	13.43	19.03	21.97	13.34

（续表）

方向	2000—2005年		2005—2010年		2010—2015年		2015—2019年		2000—2019年	
	扩展面积（平方千米）	扩展面积占比（%）	扩展面积（平方千米）	扩展面积占比（%）	扩展面积（平方千米）	扩展面积占比（%）	扩展面积（平方千米）	扩展面积占比（%）	扩展面积（平方千米）	扩展面积占比（%）
西北	3.11	21.49	12.15	21.81	3.13	13.05	9.40	13.31	27.78	16.86
合计	14.72		62.47		30.45		87.66		195.30	

　　整体来看，郑州作为中原城市群的中心，发展迅速，增强了对周边城市的辐射力、带动力。20年来，郑州市城区空间扩展的主要方向集中在东、东南、西和西北方向，即重点是在郑东新区、经济技术开发区和高新区建设。但是随着航空港的快速发展、中牟产业片区的高速推进以及郑州市政府西迁带动的向西发展，未来的郑州会形成东西两翼的发展趋势，并最终西与洛阳相连，东与开封贴近，形成郑—汴—洛东西轴线，实现产业对接、资源共享、优势互补，带动人口聚集与一体化区域经济社会发展，打造中原城市群的"龙头"。

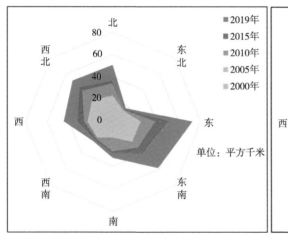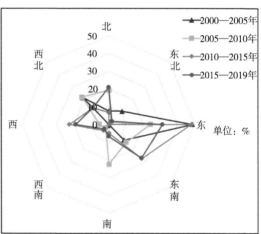

图5-8　2000—2019年郑州市城区各方向扩展面积与占比统计

5.2.2.2　开封市

　　开封市城区扩展象限分析包括龙亭区、顺河回族区、鼓楼区、禹王台区、祥符区。选取开封市市辖区2000年、2005年、2010年、2015年、2019年的城区空间信息，以开封市市辖区城区范围的几何中心为基础，把开封市划分为8个象限，分析2000—2019年开封市市辖区城区扩展面积的空间分异特征（图5-9）。

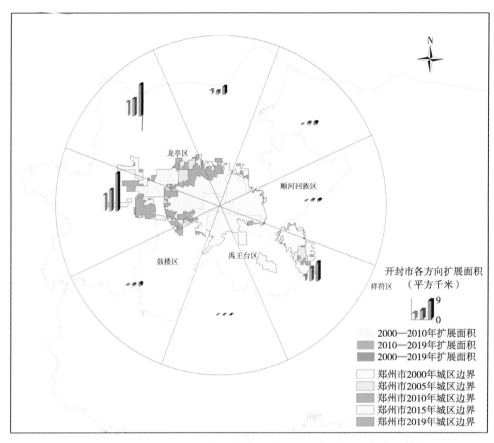

图5-9　2000—2019年开封市市辖区城区各方向扩展面积空间统计

2000—2015年，开封市的市辖区扩展面积不断增减，城区扩展了43.52平方千米；2015—2019年扩展强度大幅度减小，城区扩展面积仅为4.15平方千米。2000—2019年，开封市城区总体扩展方向为西向、西北向，两个方向的面积占比达到67.40%（表5-4）。基本未向东、南、东北方向发生扩展。

● 2000—2005年，西北方向的扩展面积占比达到54.87%，主要原因是形成了以飞地形式快速建设的汴西新区。在这个监测期内，开封市的扩展主要以跳跃扩展模式为主。

● 2005—2010年，城区扩展规模较大的是西、西北两个方向，两个方向的扩展面积占比达到76.31%。2009年汴西新区更名为开封新区，以更为强力的势头快速发展。全区国家级高新技术企业达到13家，高校3家。在这个监测期内，形成了以老城缓慢蔓延扩展，以开封新区快速蔓延扩展的城市扩展模式，并且汴西新区与老城不断的靠近融合，最终成为一体。

● 2010—2015年，西、西北方向的扩展面积占比依然保持在61.77%，东南方向面积占比达到25.60%。除了开封新区的持续发展扩张外，2014年原开封县更名为祥符区，成为开封东南方向一个重要的区。在这个监测时期内，形成了蔓延扩展的模式。总体来看，开封市城市空间发展重点是向西的带状城市，以向西发展为重点，建设开封新区，构筑面向区域的产业和服务职能。

● 2015—2019年，开封市市辖区城区面积扩展放缓，主要扩展方向集中在向西扩展，扩展面积为2.11平方千米，占这一时期扩展面积的50.72%。东北、东、东南、南方向城区边界基本没有发生（图5-10）。

表5-4　2000—2019年开封市市辖区各象限城区面积扩展统计

方向	2000—2005年		2005—2010年		2010—2015年		2015—2017年		2000—2019年	
	扩展面积（平方千米）	扩展面积占比（%）	扩展面积（平方千米）	扩展面积占比（%）	扩展面积（平方千米）	扩展面积占比（%）	扩展面积（平方千米）	扩展面积占比（%）	扩展面积（平方千米）	扩展面积占比（%）
北	0.00	0.01	1.90	12.33	1.16	4.76	0.39	9.43	3.45	7.23
东北	0.00	0.00	0.21	1.36	0.96	3.97	0.10	2.48	1.28	2.68
东	0.04	0.94	0.08	0.52	0.62	2.55	0.00	0.00	0.73	1.54
东南	1.48	38.43	0.98	6.36	6.21	25.59	0.08	1.86	8.74	18.34
南	0.00	0.01	0.00	0.00	0.00	0.00	0.00	0.01	0.00	0.00
西南	0.00	0.00	0.48	3.14	0.33	1.37	0.53	12.76	1.34	2.82
西	0.22	5.70	7.32	47.45	7.92	32.66	2.11	50.76	17.56	36.83
西北	2.11	54.83	4.45	28.88	7.06	29.11	0.94	22.77	14.57	30.55
合计	3.85		15.42		24.25		4.15		47.68	

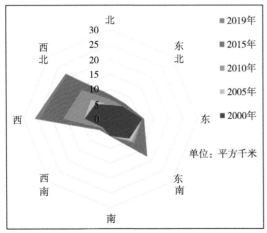
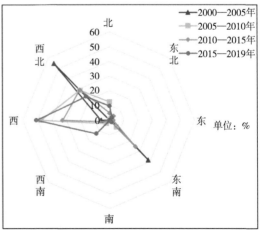

图5-10　2000—2019年开封市城区各方向扩展面积与占比统计

5.2.2.3 洛阳市

洛阳市城区扩展象限分析包括涧西区、西工区、老城区、瀍河回族区、洛龙区。选取洛阳市市辖区2000年、2005年、2010年、2015年、2019年的城区空间信息，以洛阳市市辖区城区范围的几何中心为基础，把洛阳市划分为8个象限，分析2000—2019年洛阳辖区城区扩展面积的空间分异特征（图5-11）。

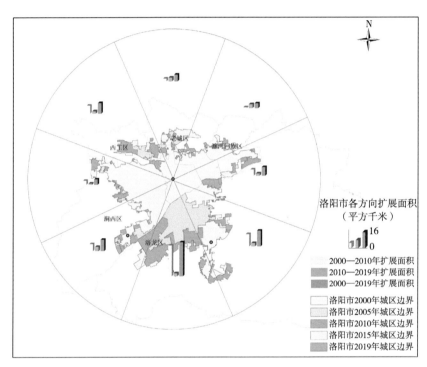

图5-11　2000—2019年洛阳市市辖区城区各方向扩展面积空间统计

2000—2019年，洛阳市市辖区城区扩展面积不断减少，20年间积扩展了91.65平方千米，其中总体扩展方向为南、东南和西南方向，占总扩展面积的68.53%（表5-5）。

● 2000—2005年，南向的扩展面积为14.62平方千米，占比达到50.04%。主要因为洛阳市城乡一体化示范区启动建设核心区，该区域位于洛阳市南部，由洛龙区、伊滨区、龙门石窟世界文化遗产园区3个行政区组成。在这个监测期内，洛阳市主城区的发展模式表现为跳开老城区的扩展模式，以空间避让的方法，使周王城遗址、金元故城得到保护。

● 2005—2010年，西南、南和东南3个方向的扩展面积为23.3平方千米，占比达到59.81%（表5-5、图5-12）。主要原因是位于市区西南部的洛阳国家高新技术开发区、南部的示范区与东南的经济技术开发区同时快速建设。在这个监测期内，洛阳市主城区的发展模式表现为蔓延扩展模式。

● 2010—2015年，向南高速扩展的势头得到缓解，扩展面积占比仅为11.2%；各方向扩展的面积差异变小。西南、东南方向继续稳步发展，扩展占比达到30.31%，北向开始扩展，占比达到18.76%。在这个监测期内，洛阳市主城区的发展模式表现为蔓延扩展与跳跃相结合的扩展模式（表5-5、图5-12）。

● 2015—2019年，洛阳市市辖区城区扩展速度进一步放缓，扩展面积5.57平方千米，仅占2000—2019年扩展面积的6.08%。主要扩展方向为东、东南、东北方向，占扩展面积的56.7%（表5-5、图5-12）。

表5-5 2000—2019年洛阳市市辖区各象限城区面积扩展统计

方向	2000—2005年		2005—2010年		2010—2015年		2015—2017年		2017—2019年	
	扩展面积(平方千米)	扩展面积占比(%)	扩展面积(平方千米)	扩展面积占比(%)	扩展面积(平方千米)	扩展面积占比(%)	扩展面积(平方千米)	扩展面积占比(%)	扩展面积(平方千米)	扩展面积占比(%)
北	1.24	4.53	1.39	5.69	3.36	21.10	0.29	6.26	6.28	6.85
东北	0.45	1.63	0.48	1.97	2.51	15.80	1.23	26.49	4.67	5.10
东	0.54	1.98	5.44	22.20	1.33	8.36	0.00	0.00	8.24	8.99
东南	7.44	27.21	4.13	16.85	2.32	14.57	1.00	21.58	14.88	16.24
南	14.62	53.50	0.00	0.00	0.00	0.00	0.93	20.07	32.01	34.92
西南	0.00	0.00	4.72	19.26	3.11	19.57	0.95	20.57	10.67	11.65
西	0.84	3.08	3.02	12.33	1.18	7.39	0.08	1.63	5.11	5.58
西北	2.21	8.08	5.32	21.70	2.10	13.18	0.16	3.48	9.78	10.67
合计	27.32		24.50		15.91		4.64		91.65	

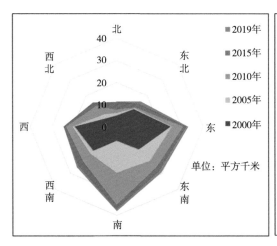
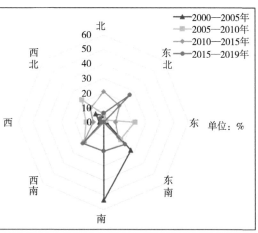

图5-12 2000—2019年洛阳市市辖区城区各方向扩展面积与占比统计

5.2.2.4 新乡市

新乡市城区扩展象限分析包括卫滨区、红旗区、凤泉区、牧野区。选取新乡市市辖区2000年、2005年、2010年、2015年、2019年的城区空间信息，以新乡市市辖区城区范围的几何中心为基础，把新乡市划分为8个象限，分析2000—2019年新乡市市辖区城区扩展面积的空间分异特征（图5-13）。

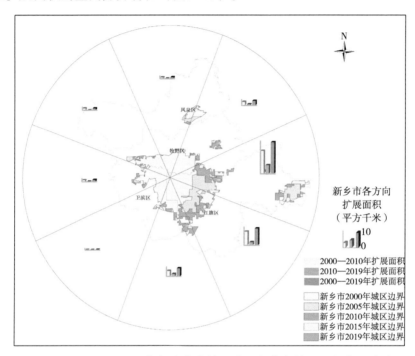

图5-13　2000—2019年新乡市市辖区城区各方向扩展面积空间统计

2000—2019年，新乡市市辖区城区面积扩展了41.4平方千米，4个时期扩展面积在不断减少，由2000—2005年的16.77平方千米减小到2015—2019年的3.64平方千米；其中总体扩展方向为东、东南方向，占总扩展面积的72.96%（表5-6、图5-14）。

● 2000—2005年，东、东南向为扩展的主要方向，扩展面积为14.09平方千米，占比达到84.01%（表5-6）。主要因为新乡市东区的建设。在这个监测期内，新乡市主城区的发展模式表现为蔓延扩展模式。

● 2005—2010年，还是以东、东南向为扩展的主要方向，但扩展速度明显变缓，扩展面积占59.21%，明显低于第一阶段（2000—2005年）的84.01%。向南扩展面积增加明显，占扩展面积的21.47%（表5-6）。在这个监测期内，新乡市主城区的发展模式表现为蔓延扩展模式。

● 2010—2015年，城区扩展面积进一步减少，扩展面积为上一个阶段（2005—

2010年）的43%，城市发展的主要方向向东发展，占扩展面积的71.85%（表5-6）。东南、南方向有小面积的扩展，其他方向城区边界基本未发生变化。在这个监测期内，新乡市城区的发展模式表现为蔓延扩展。

- 2015—2019年，新乡市市辖区城区扩展速度进一步放缓，扩展面积3.64平方千米，仅占2000—2019年扩展面积的8.79%。主要扩展方向为东、东南、南方向，占扩展面积的92.54%（表5-6）。在这个监测期内，新乡市城区的发展模式表现为蔓延扩展与跳跃相结合的扩展模式。

表5-6　2000—2019年新乡市市辖区各象限城区面积扩展统计

方向	2000—2005年		2005—2010年		2010—2015年		2015—2019年		2000—2019年	
	扩展面积（平方千米）	扩展面积占比（%）	扩展面积（平方千米）	扩展面积占比（%）	扩展面积（平方千米）	扩展面积占比（%）	扩展面积（平方千米）	扩展面积占比（%）	扩展面积（平方千米）	扩展面积占比（%）
北	0.62	3.71	0.18	1.21	0.05	0.84	0.01	0.34	0.85	2.05
东北	0.56	3.34	1.61	11.00	0.51	9.25	0.14	6.33	2.82	6.81
东	8.52	51.02	5.79	39.42	3.97	71.85	1.48	68.22	19.76	47.73
东南	5.57	33.35	2.91	19.81	0.91	16.41	1.07	49.25	10.45	25.25
南	0.37	2.21	3.15	21.47	0.78	14.14	0.82	37.90	5.13	12.38
西南	0.08	0.45	0.01	0.07	0.05	0.85	0	0	0.12	0.30
西	0.41	2.44	0.52	3.56	0.05	0.96	0.13	5.78	1.11	2.68
西北	0.65	3.90	0.50	3.44	0.00	0.00	0.01	0.48	1.16	2.80
合计	16.77		14.68		6.31		3.64		41.40	

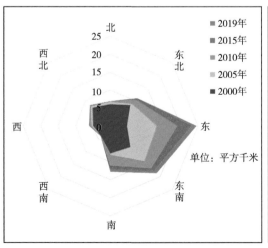
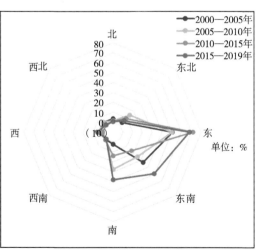

图5-14　2000—2019年新乡市市辖区城区各方向扩展面积与占比统计

5.2.2.5 焦作市

焦作市城区扩展象限分析包括解放区、中站区、马村区、山阳区。选取焦作市市辖区2000年、2005年、2010年、2015年、2019年的城区空间信息，以焦作市市辖区城区范围的几何中心为基础，把焦作市划分为8个象限，分析2000—2019年焦作市市辖区城区扩展面积的空间分异特征（图5-15）。

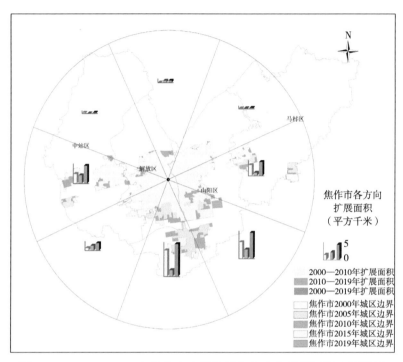

图5-15　2000—2019年焦作市市辖区城区各方向扩展面积空间统计

2000—2019年，焦作市市辖区城区面积扩展了32.84平方千米，4个时期扩展面积在不断减少，由2000—2005年的12.54平方千米减小到2015—2019年的2.89平方千米；其中总体扩展方向为东南、南方向，占总扩展面积的57.65%（表5-7、图5-16）。

- 2000—2005年，南向为扩展的主要方向，扩展面积为6.35平方千米，占比达到50.62%。东、东南方向城区扩展均大于2平方千米，北、东北、西北方向城区边界基本未发生变化。主要因为焦作市南边高新区的建设，在这个监测期内，新乡市主城区的发展模式表现为蔓延扩展模式与跳跃相结合的扩展模式。

- 2005—2010年，城区扩展速度较上一阶段有所减缓，扩展了9.13平方千米。扩展方向主要以南、东南主要方向，但扩展速度明显变缓，扩展面积占58.07%。同时西向扩展面积有所增加，占扩展面积的21.91%。在这个监测期内，焦作市主城区的发展模式表现为蔓延扩展模式。

● 2010—2015年，城区扩展速度进一步放缓，扩展了8.28平方千米。城区扩展向南、东南、西、西南方向均衡扩张，占扩展面积的89.55%。该监测期内，新乡市城区的发展模式表现为蔓延扩展。

● 2015—2019年，新乡市市辖区城区扩展速度进一步放缓，扩展面积2.89平方千米，仅占2000—2019年扩展面积的8.81%。主要扩展方向为东南方向，占扩展面积的34.71%。在这个监测期内，新乡市城区的发展模式表现为蔓延扩展模式。

表5-7　2000—2019年焦作市市辖区各象限城区面积扩展统计

方向	2000—2005年		2005—2010年		2010—2015年		2015—2019年		2000—2019年	
	扩展面积（平方千米）	扩展面积占比（%）	扩展面积（平方千米）	扩展面积占比（%）	扩展面积（平方千米）	扩展面积占比（%）	扩展面积（平方千米）	扩展面积占比（%）	扩展面积（平方千米）	扩展面积占比（%）
北	0.00	0.00	0.03	0.38	(0.00)	(0.00)	0.62	21.57	0.66	2.00
东北	0.02	0.15	0.12	1.35	0.18	2.14	0.00	0.04	0.32	0.97
东	2.15	17.16	1.34	14.68	0.67	8.11	0.33	11.54	4.50	13.69
东南	2.21	17.65	3.15	34.47	2.02	24.36	1.00	34.71	8.38	25.52
南	6.35	50.60	2.15	23.55	1.74	21.06	0.31	10.64	10.55	32.12
西南	0.70	5.60	0.10	1.14	1.56	18.86	0.02	0.81	2.39	7.28
西	1.09	8.66	2.00	21.94	2.08	25.10	0.59	20.42	5.76	17.53
西北	0.03	0.22	0.22	2.45	0.03	0.31	0.01	0.37	0.29	0.88
合计	12.54		9.13		8.28		2.89		32.84	

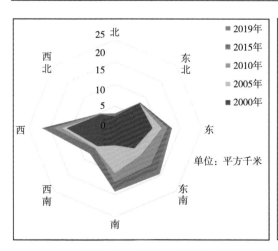 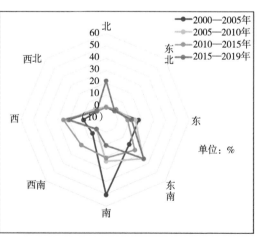

图5-16　2000—2019年焦作市市辖区城区各方向扩展面积与占比统计

5.2.2.6 濮阳市

选取濮阳市市辖区2000年、2005年、2010年、2015年、2019年的城区空间信息，以濮阳市市辖区城区范围的几何中心为基础，濮阳市划分为8个象限，分析2000—2019年濮阳市市辖区城区扩展面积的空间分异特征（图5-17）。

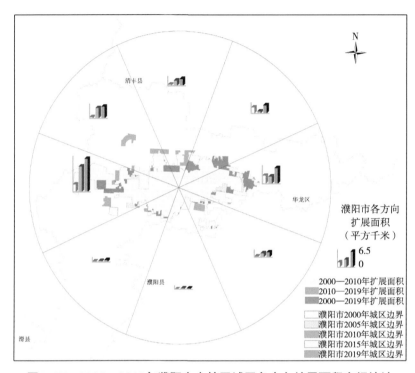

图5-17 2000—2019年濮阳市市辖区城区各方向扩展面积空间统计

2000—2019年，濮阳市市辖区城区面积扩展了33.36平方千米，4个时期扩展面积先增加后减少，2015—2019年城市扩展较大幅度减少，由2010—2015年的17.51平方千米减小到2015—2019年的5.31平方千米；其中总体扩展方向为西、东方向，两个方向扩展面积占总扩展面积的57.98%（表5-8、图5-18）。

● 2000—2005年，濮阳市市辖区城区扩展面积仅为1.62平方千米，东、西方向为扩展的主要方向，向东扩展面积为0.88平方千米，向西扩展面积为0.62平方千米，两个方向扩展面积占比达到92.93%。东南方向扩展了0.11平方千米，其他方向城区边界未发生变化。在这个监测期内，濮阳主城区的发展模式表现为蔓延扩展模式。

● 2005—2010年，城区扩展速度较上一阶段有所增加，扩展了8.92平方千米。扩展方向向西、东和东北主要方向均衡扩张，扩展速度明显增加，扩展面积占80.69%。同时西向扩展面积有所增加，占扩展面积的21.91%。在这个监测期内，濮阳主城区的发展模式表现为蔓延扩展模式。

● 2010—2015年，伴随着濮阳开发区的建设，城区扩展速度大幅度增加，扩展了17.51平方千米。城区扩展主要以向西为主，扩展面积为8.80平方千米，占扩展面积的50.24%。在这个监测期内，新乡市城区的发展模式表现为蔓延扩展。

● 2015—2019年，濮阳市市辖区城区扩展速度进一步放缓，扩展面积5.31平方千米，仅占2000—2019年扩展面积的8.81%。主要扩展方向为东南方向，占扩展面积的15.91%。在这个监测期内，濮阳市城区的发展模式表现为蔓延扩展模式与跳跃相结合的扩展模式。

表5-8　2000—2019年濮阳市市辖区各象限城区面积扩展统计

方向	2000—2005年		2005—2010年		2010—2015年		2015—2019年		2000—2019年	
	扩展面积（平方千米）	扩展面积占比（%）	扩展面积（平方千米）	扩展面积占比（%）	扩展面积（平方千米）	扩展面积占比（%）	扩展面积（平方千米）	扩展面积占比（%）	扩展面积（平方千米）	扩展面积占比（%）
北	0.00	0.00	0.60	6.71	1.03	5.87	1.20	22.63	2.83	8.48
东北	0.00	0.00	2.40	26.94	0.79	4.54	0.06	1.14	3.26	9.77
东	0.88	54.52	2.41	26.99	2.84	16.24	0.13	2.40	6.26	18.77
东南	0.11	7.10	0.24	2.73	0.94	5.36	0.70	13.20	2.00	5.99
南	0.00	0.00	0.02	0.21	0.38	2.16	0.02	0.38	0.42	1.25
西南	0.00	0.00	0.33	3.73	0.32	1.83	0.20	3.78	0.85	2.56
西	0.62	38.41	2.39	26.76	8.80	50.24	1.27	24.00	13.08	39.21
西北	0.00	0.00	0.53	5.90	2.42	13.80	1.72	32.47	4.67	13.99
合计	1.62		8.92		17.51		5.31		33.36	

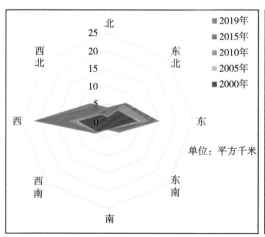
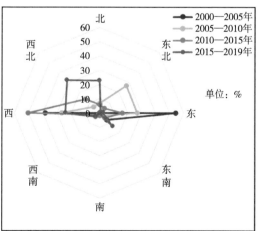

图5-18　2000—2019年濮阳市市辖区城区各方向扩展面积与占比统计

5.2.2.7　三门峡市

选取三门峡市市辖区（湖滨区、陕州区）2000年、2005年、2010年、2015年、2019年的城区空间信息，以三门峡市市辖区城区范围的几何中心为基础，三门峡市划分为8个象限，分析2000—2019年三门峡市市辖区城区扩展面积的空间分异特征（图5-19）。

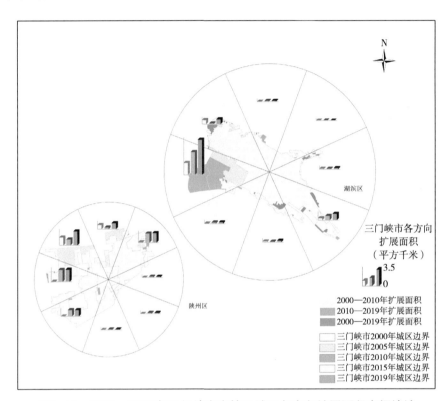

图5-19　2000—2019年三门峡市市辖区城区各方向扩展面积空间统计

由表5-9、图5-20、图5-21可知，2000—2019年，三门峡市市辖区城区面积扩展了10.03平方千米，4个时期扩展面积先减小后增加（陕县2015年撤县设区，因此从2015年后开始统计），其中湖滨区2000—2019年城区扩展了10.03平方千米，陕州区扩展了0.26平方千米。其中总体扩展方向为西方向，两个方扩展面积占总扩展面积的67.48%。

● 2000—2005年，湖滨区城区扩展面积仅为2.78平方千米，受地形条件的影响，湖滨区城区发展方向东西向，这一阶段主要扩展方向为向西，向西扩展面积为2.30平方千米，占比达到82.62%，向西北、西南方向有少量增加，其他方向城区边界未发生变化。在这个监测期内，扩展发展模式表现为蔓延扩展模式。这一时期陕县主要扩展方向为西、西北方向。

● 2005—2010年，城区扩展速度较上一阶段有所减低，扩展了1.08平方千米。扩展方向西南、东北方向，在这个监测期内，主城区的发展模式表现为蔓延扩展模式。陕县在这一阶段城区边界未发生变化。

- 2010—2015年，湖滨区城区面积扩展了1.93平方千米。城区在各个方向都有发展，主要集中在东南和西方向。在这个监测期内，湖滨区城区的发展模式表现为蔓延和跳跃相结合的扩展模式。这一时期陕州区城区快速发展，城区面积扩展了6.95平方千米。

- 2015—2019年，湖滨区的扩展面积增加，陕州区的扩展面积减少。湖滨区进一步向西发展，向西扩展面积3.98平方千米，主要集中在连霍高速以北的中心商务区，占扩展面积的93.77%。陕州区这一时期城区扩展面积为0.26平方千米。

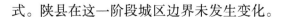

表5-9 2000—2019年濮阳市市辖区各象限城区面积扩展统计

	方向	2000—2005年		2005—2010年		2010—2015年		2015—2019年		2000—2019年	
		扩展面积（平方千米）	扩展面积占比（%）	扩展面积（平方千米）	扩展面积占比（%）	扩展面积（平方千米）	扩展面积占比（%）	扩展面积（平方千米）	扩展面积占比（%）	扩展面积（平方千米）	扩展面积占比（%）
湖滨区	北	0.00	0.00	0.01	0.48	0.05	2.43	0.12	2.87	0.17	1.73
	东北	0.00	0.00	0.00	0.00	0.02	1.00	0.01	0.17	0.02	0.23
	东	0.00	0.00	0.12	11.17	0.12	6.10	0.01	0.24	0.25	2.48
	东南	0.00	0.00	0.39	36.21	0.80	41.48	0.05	1.14	1.24	12.36
	南	0.00	0.00	0.19	17.92	0.15	7.57	0.00	0.00	0.34	3.39
	西南	0.03	1.11	0.01	0.91	0.22	11.45	0.03	0.62	0.29	2.87
	西	2.30	82.73	0.03	2.92	0.46	23.81	3.98	93.77	6.77	67.47
	西北	0.45	16.29	0.33	30.76	0.12	5.96	0.05	1.13	0.95	9.45
	合计	2.78		1.08		1.93		4.24		10.03	
陕州区	北	0.81	29.16	0.00	0.00	0.34	17.60	0.00	0.00	1.15	11.47
	东北	0.09	3.23	0.00	0.00	1.66	86.10	0.09	2.21	1.85	18.40
	东	0.00	0.00	0.00	0.00	0.19	10.08	0.00	0.00	0.19	1.94
	东南	0.00	0.00	0.00	0.00	0.19	9.63	0.00	0.00	0.19	1.85
	南	0.00	0.00	0.00	0.00	0.09	4.62	0.00	0.00	0.09	0.89
	西南	0.00	0.00	0.00	0.00	1.11	57.72	0.09	2.21	1.21	12.04
	西	0.06	2.19	0.00	0.00	2.23	115.49	0.06	1.31	2.35	23.39
	西北	1.52	54.54	0.00	0.00	1.14	59.10	0.02	0.35	2.67	26.64
	合计	2.48		0.00		6.95		0.26		9.69	

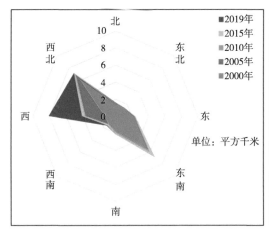 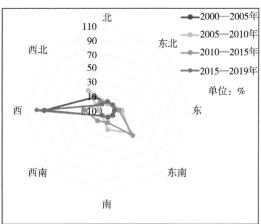

图5-20　2000—2019年湖滨区各方向扩展面积与占比统计

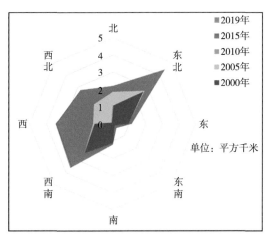 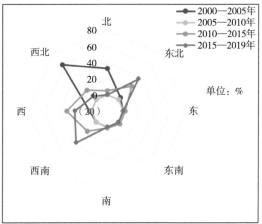

图5-21　2000—2019年陕州区城区各方向扩展面积与占比统计

5.2.2.8　济源市

选取济源市2000年、2005年、2010年、2015年、2019年的城区空间信息，以济源市城区范围的几何中心为基础，济源市划分为8个象限，分析2000—2019年济源市城区扩展面积的空间分异特征（图5-22）。

2000—2019年，济源市城区面积扩展了19.97平方千米，4个时期扩展面积先增加后减少，其中2010—2015年这个阶段扩展强度最大，扩展面积为10.69平方千米，占总扩展面积的53.33%。总体扩展为向南发展，南、西南、东南方向扩展面积占总扩展面积的61.25%（表5-10、图5-23）。

● 2000—2005年，济源市城区扩展面积为2.86平方千米，主要扩展方向为东南和西方向，占比达到66.50%。在这个监测期内，扩展发展模式表现为蔓延扩展模式。

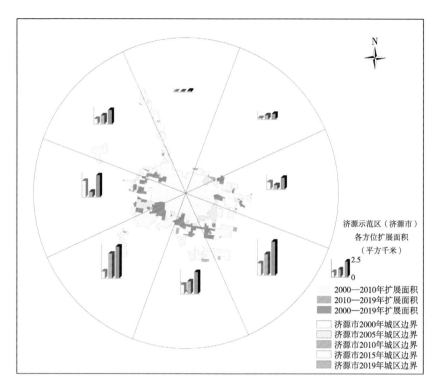

图5-22　2000—2019年济源市城区各方向扩展面积空间统计

- 2005—2010年，城区扩展速度较上一阶段有所增加，扩展了5.59平方千米。扩展方向主要集中在西南、南和东南方向，扩展发展模式表现为蔓延扩展模式。

- 2010—2015年，城区扩展面积有大幅度的增加，扩展面积为10.69平方千米。扩展方向主要集中在西南、南、东南方向，主要由于西南方向的虎岭产业集聚区发展和南部的高新产业集聚区的建设，在这个监测期内，城区的发展模式表现为跳跃的扩展模式。

- 2015—2019年，济源市城区扩展大幅度减少，扩展面积仅为0.83平方千米。主要分布在2010—2015年扩展城区的边缘。

表5-10　2000—2019年济源市各象限城区面积扩展统计

方向	2000—2005年		2005—2010年		2010—2015年		2015—2019年		2000—2019年	
	扩展面积（平方千米）	扩展面积占比（%）	扩展面积（平方千米）	扩展面积占比（%）	扩展面积（平方千米）	扩展面积占比（%）	扩展面积（平方千米）	扩展面积占比（%）	扩展面积（平方千米）	扩展面积占比（%）
北	0.10	3.66	0.01	0.12	0.06	0.58	0.04	5.17	0.22	1.09

（续表）

方向	2000—2005年		2005—2010年		2010—2015年		2015—2019年		2000—2019年	
	扩展面积（平方千米）	扩展面积占比（％）	扩展面积（平方千米）	扩展面积占比（％）	扩展面积（平方千米）	扩展面积占比（％）	扩展面积（平方千米）	扩展面积占比（％）	扩展面积（平方千米）	扩展面积占比（％）
东北	0.19	6.73	0.02	0.34	0.45	4.21	0.15	17.84	0.81	4.05
东	0.31	10.98	0.72	12.85	0.53	4.94	0.09	10.62	1.65	8.25
东南	1.01	35.45	0.73	13.09	2.82	26.41	0.16	19.00	4.73	23.67
南	0.15	5.18	1.16	20.75	1.53	14.34	0.24	28.57	3.08	15.41
西南	0.05	1.63	0.94	16.77	3.41	31.89	0.03	4.03	4.43	22.17
西	0.89	31.05	1.41	25.20	0.73	6.80	0.04	5.05	3.07	15.35
西北	0.15	5.18	0.60	10.79	1.16	10.84	0.08	10.19	2.00	9.99
合计	2.86		5.59		10.69		0.83		19.97	

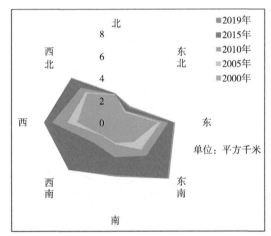
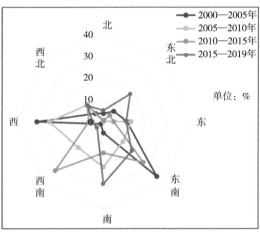

图5-23　2000—2019年济源市城区各方向扩展面积与占比统计

5.2.3　城市空间形态演变

城市空间形态是城市各构成要素的空间分布模式。本节采用分形维数、紧凑度等特征值对河南省沿黄区域8个省辖市各监测时期城区空间形态演变进行测度。分维数不仅能够表征城市边界轮廓的不规则程度，还能反映城市扩展对于城市边缘空间的填充能力。紧凑度是反映地物离散程度的一个指标，离散程度越大，其紧凑度越低，城市空间受外界干扰越大，保持内部资源的稳定性越困难。

5.2.3.1 城区紧凑度

城区紧凑度是反映城市空间形态的指标。紧凑度值越大，形状越具有紧凑性。圆是一种形状最紧凑的图形，其紧凑度为1，如果是狭长形状，其值远远小于1。一般来说，当城市处于迅速扩展的发展阶段，紧凑度下降；当城市转为内部填充、改造发展阶段时，紧凑度上升。紧凑度的提高，有利于缩短城市内各部分之间的联系距离，提高城市基础设施和已开发土地的利用效率，提高资源的利用效率和降低城市的管理成本。

5.2.3.2 分形维数

当分形维数小于1.5时，说明图形趋于简单，当分形维数等于1.5时，表示图形处于布朗随机运动状态，越接近该值，稳定性越差；当分形维数大于1.5时，则图形更为复杂。分形维数减少是一种更好的趋势，说明城区边界整齐规则，用地紧凑节约。城市空间形态不规则的程度增加，说明在这一时期城市城区面积的增加是以外部扩展为主；城市空间形态的不规则程度下降，说明城市城区面积的增加是以城区边缘间的填充为主；城市空间形态的不规则程度不变，说明城市进入相对稳定的发展阶段。

表5-11 2000—2019年河南省8个省辖市城区紧凑度分形维数统计

城市名称	2000年		2005年		2010年		2015年		2019年	
	分形维数	紧凑度	分形维数	紧凑度	分形维数	紧凑度	分形维数	紧凑度	分形维数	紧凑度
郑州市	1.30	0.41	1.35	0.36	1.42	0.28	1.40	0.29	1.41	0.28
开封市	1.54	0.30	1.59	0.26	1.56	0.27	1.56	0.24	1.57	0.24
洛阳市	1.68	0.18	1.69	0.16	1.57	0.20	1.51	0.23	1.51	0.23
新乡市	1.57	0.29	1.56	0.27	1.58	0.25	1.56	0.25	1.57	0.25
焦作市	1.69	0.23	1.77	0.18	1.65	0.22	1.65	0.21	1.63	0.22
濮阳市	1.54	0.34	1.56	0.32	1.58	0.29	1.56	0.28	1.56	0.28
三门峡市	1.77	0.24	1.76	0.23	1.74	0.23	1.74	0.22	1.74	0.21
济源市	1.90	0.23	1.82	0.24	1.77	0.24	1.85	0.18	1.86	0.18

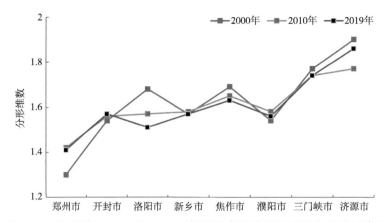

图5-24　2000年、2010年、2019年河南省沿黄区域城区分形维数统计

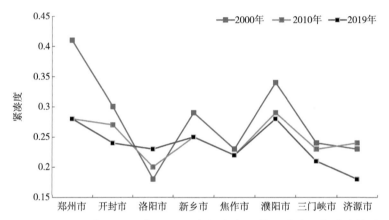

图5-25　2000年、2010年、2019年河南省沿黄区域城区紧凑度统计

由表5-11、图5-24、图5-25可知，对2019年8个城市的城区紧凑度和分形维数统计表进行分析。可以看出，紧凑度在0.16～0.33范围；分形维数在1.41～1.86范围。说明绝大多数城市处在快速发展阶段。具体选取郑州市、新乡市和洛阳市作为分析区域（图5-26）。

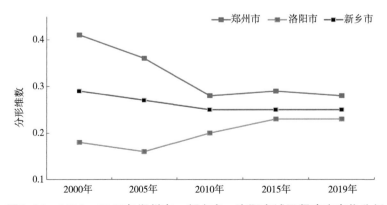

图5-26　2000—2019年郑州市、新乡市、洛阳市城区紧凑度变化分析

郑州市主城区各监测年城市空间紧凑度最大值为2000年的0.41，最小值为2010年和2019年的0.28，城市空间整体离散程度较小。自2000年以来，郑州市城区的城市紧凑度指数总体呈现急剧减小—控制回调—平缓发展的趋势，在2010年达到最小值，说明2000—2010年，城市空间发展较离散，城市形态复杂；从2010—2019年，紧凑度逐渐稳定下来并缓慢增长，城市空间越来越紧凑（图5-26）。

新乡市主城区各监测年城市空间紧凑度最大值为2000年的0.29；2005年相比2000年紧凑度降到0.27；2010年紧凑度继续降到0.25；2015年和2019年，紧凑度保持在0.25，与2010年持平。相比较郑州市，开封市的城市空间整体离散程度较大，城市紧凑度指数波动较小，2000—2010年呈现连年持续下降的态势，2010—2019年，呈现平缓态势，期间城区紧凑度保持稳定（图5-26）。

洛阳市主城区各监测年城市空间紧凑度最大值为2015年和2019年的0.23，最小值为2005年的0.16，呈现先减后增的趋势。相比较郑州市和开封市，城市空间的整体离散度最大，呈现先减后增的趋势，2000—2005年，紧凑度缓慢降低，在2005年达到17年中的最小值，城市空间发展离散，城市形态复杂；2005—2019年城市紧凑度指数逐年增长，城市空间的发展越来越紧凑（图5-26）。

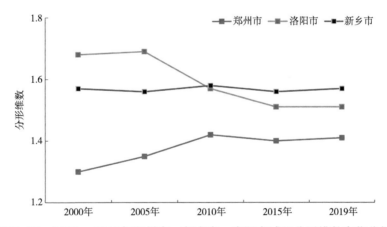

图5-27　2000—2019年郑州市、新乡市、洛阳市城区分形维数变化分析

如图5-27所示，郑州市主城区各监测年份城市分形维数接近1，说明郑州市主城区较其他城市的空间形状相对简单。2000—2010年分形维数逐渐上升，说明城市以扩展为主，与同时期紧凑度下降趋势相吻合；2010—2015年分形维数逐渐减少，2015—2017年保持稳定，说明城市以内部结构调整为主，与同时期的紧凑度上升相吻合。新乡市主城区各监测年城市分形维数变化较小。2000年和2010年相比其他年份略微偏高，但从17年的总体发展来看，分形维数呈现平缓态势，说明该时期新乡市发展以内部结构调整为主，城市发展比较稳定。洛阳市各监测年城区分形维数指数均

大于1.5，说明洛阳市城区空间形状相对复杂。2000—2005年，分形维数从1.68涨到最高的1.69；从2005—2015年，分形维数指数开始逐步稳定下降，说明城市地域面积的增加是以城区边缘空间的填充为主，与洛阳主城区同时期紧凑度持续上升相吻合；2015—2019年，分形维数保持稳定。

5.3　重点城市内部精细化景观格局特征及演变

主城区是城市的核心区域，由连片分布的不透水地表构成，包括房屋建筑区、道路、构筑物等。土地城市化过程不仅包括城市主城区的向外扩张，即城市建设用地的扩张，挤占农田和其他生态用地，也包括城市内部景观格局的改变，如城市绿化建设导致的城市绿地的增加、旧城改造带来的建筑格局、城市下垫面的改变等。城市化的快速推进剧烈地改变了城市的地表形态和景观格局，城市化过程加剧了城市景观的破碎化，从而影响城市生态系统的生态服务功能。本章旨在揭示2015—2019年河南省沿黄区域重点城市——郑州市、洛阳市、新乡市城市内部地表覆盖的变化程度。

5.3.1　郑州市景观格局演变

2015—2019年，郑州市城区面积扩展了88.10平方千米，建成区内部、扩展边缘及其他非建成区的地表也发生着显著变化。将建成区地表覆盖分为林草覆盖、不透水地表、人工堆掘地和水体4种地表类型，将非建成区分为耕地、园地、林草覆盖、不透水地表、人工堆掘地和水体6种地表类型。

5.3.1.1　2015年、2019年地表覆盖类型

如图5-28至图5-31所示，2019年建成区林草覆盖面积为60.71平方千米，占建成区面积的17.16%，较2015年有大幅度提升，面积增加了19.77平方千米，占建成区面积的比例也提高了1.78%。不透水地表由房屋建筑区、道路、构筑物等构成，2019年建成区不透水地表面积为235.96平方千米，随着城市建成区不断扩展，不透水地表的面积也大幅度增加，较2015年增加了42.99平方千米，但占建成区面积降低了5.82%。建成区人工堆掘地主要表现为建筑工地和其他裸露地，2019年人工堆掘地面积为49.30平方千米，较2015年增加了20.61平方千米，占建成区面积增加了3.16%。2019年城市建成区水域面积为7.8平方千米，随着郑州市水系的治理及人工湖的建设，水体面积较2015年增加了4.28平方千米，占建成区面积增加了0.88%。

受城市化及城市扩展的影响，城市边缘及非建成区地表也发生着显著变化。2019年耕地、园地、林草覆盖、不透水地表都不同程度的减少，人工堆掘地大幅度的增

加，水体面积有少量增加。其中不透水地表减少的最多，2015—2019年非建成区不透水地表面积减少了40.03平方千米；其次为林草覆盖和耕地，2015—2019年分别减少了41.79平方千米和41.18平方千米；人工堆掘地增加了65.66平方千米。

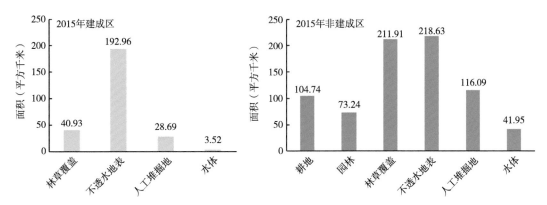

图5-28　2015年郑州市市辖区建成区及非建成区地表覆盖

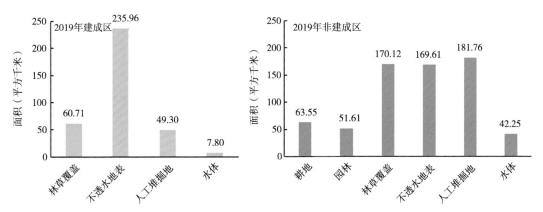

图5-29　2019年郑州市市辖区建成区及非建成区地表覆盖

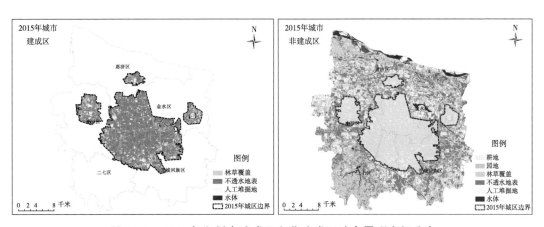

图5-30　2015年郑州市建成区和非建成区地表景观空间分布

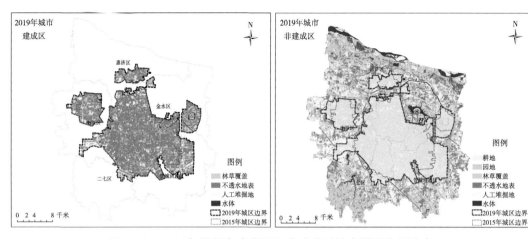

图5-31　2019年郑州市建成区和非建成区地表景观空间分布

5.3.1.2　不同分区下地表覆盖精细化格局演变

为了进一步分析城市发展过程中地表覆盖的变化，将市辖区分为基年建成区（2015年）、扩展区（2015—2019年）、非建成区3个区域进行统计分析。

如图5-32所示，2019年郑州市市辖区建成区林草覆盖占比为14.61%，较2015年有所减少，减小了2.05平方千米，不透水地表占该区域面积73.52%，较2015年增加了2.69平方千米，其中房屋建筑占地面积为120.43平方千米，较2015年减少了1.81平方千米。水域面积较2015年略有增加，增加了0.12平方千米。

扩展区地表覆盖类型主要转变为城市景观，耕地和林地面积减少，耕地减少了3.22平方千米，林地减少了2.29平方千米，主要转化为房屋建筑区和道路占地面积，两者总计增加8.54平方千米。林地水域面积较2015年略有增加，分别增减了0.98平方千米和0.49平方千米。

非建成区受城市化影响，地表覆盖也发生着显著的变化，具体表现为大量自然地表转化为人工地表。种植土地面积大幅度减少，5年间耕地面积减少了37.12平方千米，园地减少了18.86平方千米。林草覆盖面积也在不断减少，林地面积减少了7.82平方千米，草地面积减少了13.14平方千米。房屋建筑区占地面积也在减少，减少了14.14平方千米。人工堆掘地在大幅度的增加，增加了89.40平方千米，人工堆掘地的增加主要表现为建筑工地的增加，主要分布在城市扩展区的外围边缘地带。

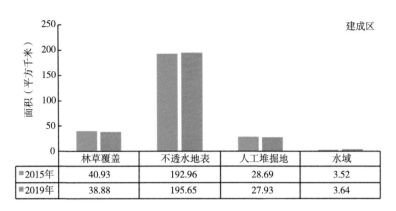

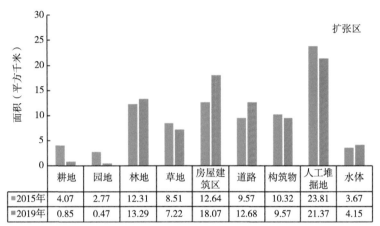

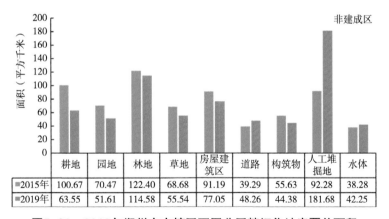

图5-32 2019年郑州市市辖区不同分区精细化地表覆盖面积

5.3.2 洛阳市景观格局演变

5.3.2.1 2015年、2019年地表覆盖类型

如图5-33至图5-36所示，2019年建成区林草覆盖面积为32.32平方千米，占建成

区面积为17.47%，较2015面积增加了2.33平方千米，占建成区面积也提高0.85%。不透水地表由房屋建筑区、道路、构筑物等构成，2019年建成区不透水地表面积为126.12平方千米，随着城市建成区不断扩展，不透水地表的面积也大幅度增加，较2015年增加面积为3.85平方千米。建成区人工堆掘地主要表现为建筑工地和其他裸露地，2019年人工堆掘地面积为17.3平方千米，较2015年减少了2.55平方千米。2019年城市建成区水域面积为9.24平方千米，水体面积较2015年增加了0.93平方千米。

城市边缘及非建成区地表也发生着显著变化。主要表现为耕地的减少以及不透水地表和人工堆掘地增加。2015年耕地是该区域主导类型，占该区域面积的40%，5年间耕地面积减少了59.66平方千米，但面积增加不同于郑州市，增加面积类型不是不透水地表和人工堆掘地为主的人工地表，而是以林草覆盖和园地为主，林草覆盖面积增加了18.45平方千米，园地面积增加了18.65平方千米。不透水地表和人工堆掘地面积仅仅增加了12.38平方千米，水域面增加了5.62平方千米。

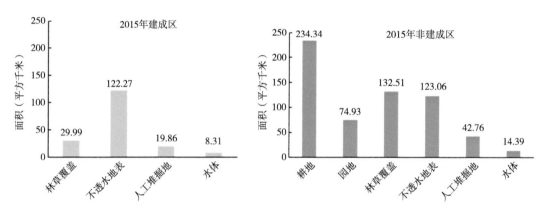

图5-33　2015年洛阳市市辖区建成区及非建成区地表覆盖

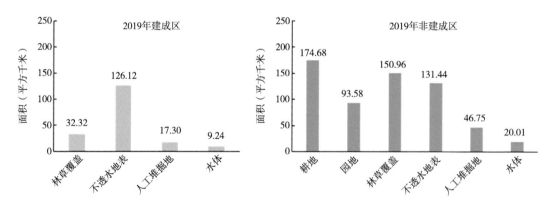

图5-34　2019年洛阳市市辖区建成区及非建成区地表覆盖

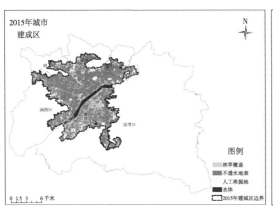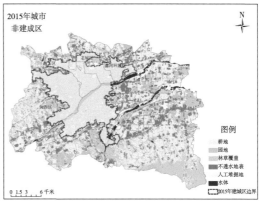

图5-35　2015年洛阳市建成区及非建成区地表地表景观空间分布

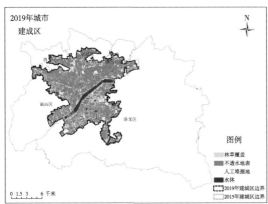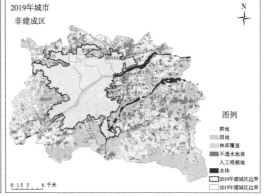

图5-36　2019年郑州市建成区及非建成区地表景观空间分布

5.3.2.2　不同分区下地表覆盖精细化格局演变

建成区面积为180.42平方千米，地表景观类型以不透水地表为主，面积为123.81平方千米，占该区域面积的67.77%，较2015年增1.54平方千米，其中房屋建筑占地面积为71.37平方千米，较2015年增加了0.22平方千米。建成区林草覆盖占比为17.5%，较2015年有所增加，增加了1.48平方千米。人工堆掘地减少了4.08平方千米。水域面积较2015年略有增加，增加了0.79平方千米（图5-37）。

扩展区面积为4.84平方千米，扩展区地表覆盖类型主要转变为城市景观，种植土地面积减少，减少了0.26平方千米，主要转化为房屋建筑区和道路占地面积，两者总计增加0.81平方千米。林地、草地、水域生态地表类型较2015年略有增加，分别增加了0.1平方千米、0.08平方千米和0.03平方千米。

非建成区面积为617.43平方千米。种植土地面积大幅度减少，5年间耕地面积减少了59.46平方千米；园地及林地面积有所增加，分别增加了18.64平方千米和20.82平方千米；房屋建筑区、道路、人工堆掘地占地面积也在增加，分别增加了1.15平方千米、6.65平方千米和6.5平方千米。水域面积增加较多，增加了5.73平方千米。

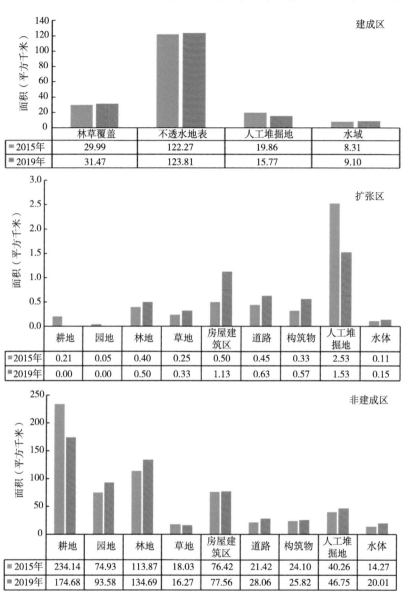

图5-37 洛阳市市辖区不同分区内部精细化地表覆盖面积

5.3.3 开封市景观格局演变

5.3.3.1 2015年、2019年地表覆盖类型

如图5-38至图5-41所示，2019年建成区林草覆盖面积为16.46平方千米，占建成

区面积为15.77%，较2015年有大幅度提升，面积增加了3.2平方千米，占建成区面积也提高了2.54%。不透水地表由房屋建筑区、道路、构筑物等构成，2019年建成区不透水地表面积为78.84平方千米，较2015年增加面积为2.79平方千米。建成区人工堆掘地主要表现为建筑工地和其他裸露地，2019年人工堆掘地面积为5.55平方千米，较2015年减少了2.19平方千米。2019年城市建成区水域面积为3.54平方千米，水域面积较2015年增加了0.35平方千米。

受城市化及城市扩展的影响，城市边缘及非建成区地表也发生着显著变化。2015—2019年该区域内只有耕地类型发生大幅度减少，其他地表类型都呈现增加。2019年耕地面积为1 057.30平方千米，占非建成区面积的61.77%，较2015年减少了73.94平方千米；园地为55.27平方千米，较2015年增加了13.99平方千米。林草覆盖、水域等生态地表类型均有所增加，2019年林草覆盖占区域面积14.94%；较2015年林草覆盖增加了16.66平方千米，水域面积增加了3.30平方千米。人工地表中不透水地表呈现大幅度的增加，较2015年增加了27.3平方千米，人工堆掘地2019年为23.31平方千米，较2015年增加了8.55平方千米。

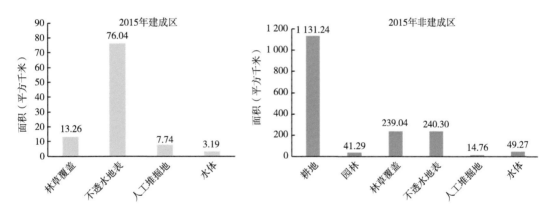

图5-38　2015年开封市市辖区建成区及非建成区地表覆盖

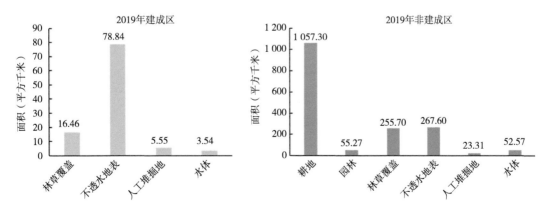

图5-39　2019年开封市市辖区建成区及非建成区地表覆盖

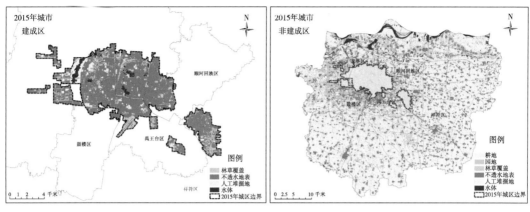

图5-40　2015年开封市建成区及非建成区地表景观空间分布

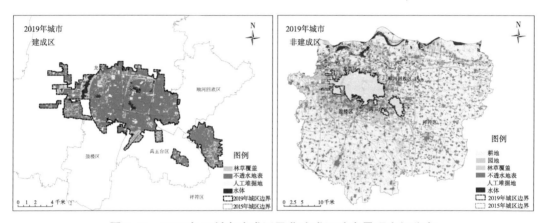

图5-41　2019年开封市建成区及非建成区地表景观空间分布

5.3.3.2　不同分区下地表覆盖精细化格局演变

建成区面积为100.23平方千米，地表景观类型以不透水地表为主，面积为76.81平方千米，占该区域面积的76.63%，较2015年增0.77平方千米，其中房屋建筑占地面积为49.67平方千米。建成区林草覆盖占比为15.44%，较2015年有所增加，增加了2.21平方千米，林草覆盖面积占比增加了2.20%。人工堆掘地减少了3.24平方千米。水域面积较2015年略有增加，增加了0.27平方千米（图5-42）。

扩展区面积为4.16平方千米，扩展区地表覆盖类型主要转变为城市景观，种植土地面积减少，减少了1.27平方千米，主要转化为房屋建筑区、道路和人工堆掘地占地面积，总计增加0.82平方千米。林地、草地、水域等生态地表类型面积较2015年增加0.43平方千米，分别增加了0.08平方千米、0.3平方千米和0.05平方千米。

非建成区面积为1 711.75平方千米。种植土地面积大幅度减少，5年间耕地面积减少了73.03平方千米，主要集中城市扩展区的边缘地带；林地面积减少了8.92平方千米。增加最多的地表景观类型为草地、房屋建筑区和园地，分别增加了26.17平方千米、14.36平方千米和14.68平方千米。

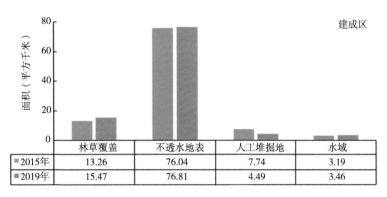

	林草覆盖	不透水地表	人工堆掘地	水域
2015年	13.26	76.04	7.74	3.19
2019年	15.47	76.81	4.49	3.46

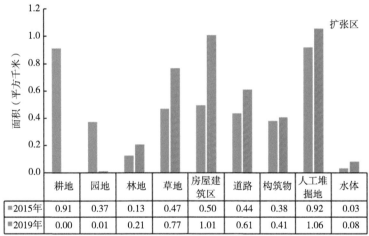

	耕地	园地	林地	草地	房屋建筑区	道路	构筑物	人工堆掘地	水体
2015年	0.91	0.37	0.13	0.47	0.50	0.44	0.38	0.92	0.03
2019年	0.00	0.01	0.21	0.77	1.01	0.61	0.41	1.06	0.08

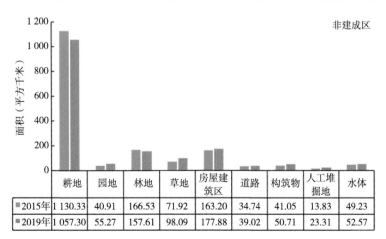

	耕地	园地	林地	草地	房屋建筑区	道路	构筑物	人工堆掘地	水体
2015年	1 130.33	40.91	166.53	71.92	163.20	34.74	41.05	13.83	49.23
2019年	1 057.30	55.27	157.61	98.09	177.88	39.02	50.71	23.31	52.57

图5-42　开封市市辖区不同分区内部精细化地表覆盖面积

5.4 本章小结

5.4.1 土地城市化过程显著

2015—2019年，河南省沿黄区域经历了快速城市化过程，土地、人口和经济城市化都得到了大规模的发展。土地城市化方面，人工表面面积大幅度增长，较2015年增长了14.73%，其中郑州市、新乡市、洛阳市人工地表增加量较大，增加量均超过180平方千米，增长率较大的为郑州市、濮阳市、三门峡市，增长率分别为19.78%、16.75%、15.75%。2015—2019年，有1 013.86平方千米的种植土地和703.28平方千米的林草覆盖转化为人工表面，分别占到人工表面增加面积的57.5%和39.89%。

5.4.2 城区面积扩展明显

河南省沿黄区域地级城市2000年、2010年、2019年的城区面积分别为498.44平方千米、742.15平方千米、103.38平方千米。2000—2019年河南省沿黄区域省辖市城区扩展了505.44平方千米，2019年的城区面积相比2000年扩展了2倍多。

2000—2019年两个时段（2000—2010年、2010—2019年）城市扩展面积、速率呈增加趋势，其中郑州市、开封市等5个地市第二阶段扩展面积大于第一阶段，而洛阳市、新乡市和焦作市扩展速度则趋于平缓。

6 黄河滩区利用及变化

黄河滩区，是指黄河大堤与黄河河道之间的滩地区域，具有排洪、滞洪和滞沙的作用。由于黄河滩区由黄河水携带泥沙淤积而成，土壤肥沃，加上小浪底工程的修筑对于黄河滩区起到了有效的防涝作用，大大提高了滩区的地表覆盖。随着河南省经济的飞速发展，黄河滩区建设必将进入全面开发、加速发展的时期，滩涂开发建设将成为新的经济增长点，对全省国民经济发展将发挥重要作用。因此结合防洪建设，正确处理经济发展、耕地保护和生态环境建设的关系，合理开发利用黄河滩地意义重大。本章根据地理国情普查成果，对滩区地表覆盖、农业开发、农村居民地进行分析，为滩区开发利用及保护提供借鉴与指导。

黄河下游河道东坝头以上大堤内有嫩滩、中滩和老滩三级滩地。嫩滩是中小洪水及大洪水均可漫水滩地；中滩漫水几率较小，植被生长茂盛，人类活动较多；老滩一般已不过水。滩区按功能分为3类，其中Ⅰ类滩区主要包括河槽和嫩滩，为行洪区；Ⅱ类滩区为行滞洪区，是滩区开发利用的场所；Ⅲ类为集中居住区，也是滩区开发利用的场所。河南省境内黄河大堤内面积为3 018平方千米，其中自洛阳市孟津县白鹤镇至濮阳市台前县张庄村，涉及郑州、开封、洛阳、焦作、新乡、濮阳6个省辖市19个县（区）是滩区居民较为集中的区域。2015年以来，河南省先后开展了两批滩区居民迁建试点工作，并于2017年制定了河南省黄河滩区居民迁建规划，计划从2017—2019年3年时间对郑州市、开封市、新乡市、濮阳市4个省辖市所辖的长垣县、中牟县、祥符区、封丘县、原阳县、濮阳县、范县、台前县8个县（区）的洪水淹没风险区内居民进行搬迁。因此，该章统计分析单元主要分为两个体系，一是按行政区域到县（区）单元，特别关注了8个迁建县，二是结合滩区地貌和功能，关注整个滩区和嫩滩两个区域单元。

6.1 黄河滩区地表覆盖情况

6.1.1 黄河滩区地表覆盖及变化情况

6.1.1.1 黄河滩区

河南省黄河滩区地表覆盖类型多样，五分耕地，二分水域，一分林地；河南省黄河峡谷段滩区以水体为主，面积占比为63.44%，低山丘陵段滩区以耕地为主，面积占比达58.80%。2019年河南省黄河滩区的地表覆盖类型如图6-1、表6-1所示，河南省黄河滩区分布着耕地、园地、林地、草地、房屋建筑区、道路、构筑物、人工堆掘地、荒漠与裸露地、水域等10种地表覆盖类型。其中，耕地是滩区最主要的地表覆盖类型，面积占比为51.82%；其次为水域和林地，面积占比分别为18.13%和11.01%；房屋建筑、道路、构筑物、人工堆掘地等人工地表面积占比较小，为8.84%。荒漠与裸露地在滩区面积占比较小，为2.75%，主要为河滩的沙质裸露地。如图6-2所示，从河南省黄河滩区的地表覆盖类型分布格局来看，三门峡到孟津这段峡谷段滩区，以水体为主要地表覆盖类型，面积占比为63.44%；从孟津到桃花峪的低山丘陵段滩区，以耕地为主要地表覆盖类型，在各河段面积占比最高，达58.80%，该河段北岸分布有开阔的裸露滩地，如温孟滩，荒漠与裸露地在各河段中占比最高，达8.99%；黄河冲积平原段滩区，虽仍以耕地为优势地表覆盖类型，但与其他河段滩区相比，黄河下游冲积平原滩区人口密度大，房屋建筑面积占比突出，达5.08%，是其他河段滩区的5倍，其次道路面积占比在各河段中也是最高的，为1.67%。

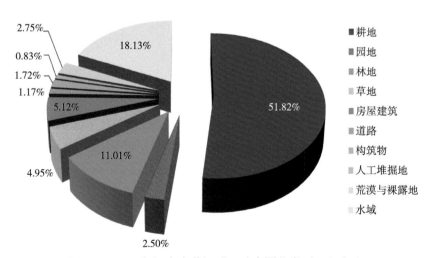

图6-1 2019年河南省黄河滩区地表覆盖类型面积占比

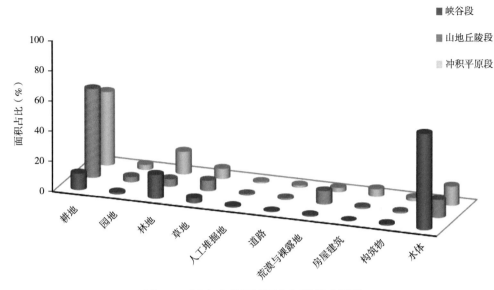

图6-2 河南省黄河滩区各河段地表覆盖

表6-1 河南省黄河滩区地表覆盖类型面积占比（%）

地表覆盖类型	整个河段	峡谷段	山地丘陵段	冲积平原段
耕地	51.82	11.03	58.80	48.79
园地	2.50	1.33	3.57	3.39
林地	11.01	16.15	5.02	15.10
草地	4.95	3.33	7.04	6.78
人工堆掘地	5.12	1.00	0.95	1.03
道路	1.17	0.55	1.11	1.67
荒漠与裸露地	1.72	0.98	8.99	3.01
房屋建筑	0.83	0.17	1.17	5.08
构筑物	2.75	1.12	1.16	2.22
水体	18.13	64.33	12.18	12.93

　　河南省黄河滩区除去水体，各县（区）主要以耕地、园地、林地和草地等地表覆盖类型为主，面积占比在71.33%～93.00%；耕地面积占比较大的县（区）主要分布在黄河下游滩区，均在70%以上，林草覆盖面积占比较高的区域主要集中在豫西等黄河中游的黄土区，林草面积占比在68.72%～81.81%，园地的面积占总体较低，但惠济区的较高，占比达26.26%。除去水体，各县（区）主要以耕地、园地、林地和草地等地表覆盖类型为主，面积占比在71.33%～93.00%，耕地与园林草地地表覆盖在各县（区）数量上基本呈相反关系，耕地面积占比较高的县（区），其园、林、草的面积占比就低。其中，耕地面积占比较大的县（区）主要分布在黄河下游滩区，依次为武陟县、温县、封丘县、濮阳县和兰考县，均在70%以上；滩区林草覆盖面积占比较高的区域主要集中在豫西等黄河中游的黄土区，林草面积占比在68.72%～81.81%，其中洛阳的新安县和济源市最高，分别为81.81%和80.93%；黄河滩区园地的面积占总体较低，但惠济区的较高，占比达26.26%，该区域花卉、苗圃等种植园地成为区域特色。道路、房屋建筑、构筑物、人工堆掘地4种人工地表占比在滩区占比较低，分布在城市的区域人工地表面积占比较高，如三门峡的湖滨区、郑州惠济区、祥符区等人工地表面积占比在15%以上，此外还有原阳县（表6-2、图6-3）。

表6-2　2019年河南黄河滩区地表覆盖类型各县（区）占比（%）

地表覆盖类型	耕地	园地	林地	草地	人工堆掘地	道路	荒漠与裸露地	房屋建筑	构筑物
陕州区	8.65	1.82	73.45	3.71	2.91	2.02	3.58	0.72	3.14
济源市	8.88	0.91	66.42	14.51	0.86	1.33	4.29	0.54	2.27
湖滨区	9.48	1.58	60.87	8.88	3.30	5.33	1.23	1.54	7.80
渑池县	9.67	4.55	79.05	0.16	1.87	0.84	3.08	0.13	0.64
新安县	12.17	0.64	80.21	1.60	3.34	0.85	0.32	0.44	0.42
惠济区	20.97	26.26	9.28	17.83	5.93	2.42	10.57	1.73	5.01
顺河回族区	26.77	0.00	50.18	15.54	0.04	5.30	0.00	0.06	2.12
金水区	37.28	2.90	18.93	12.23	1.42	1.50	20.93	1.20	3.62
灵宝市	46.74	12.16	25.69	7.97	0.57	0.44	2.80	0.21	3.41
龙亭区	49.00	4.11	21.47	11.31	1.98	1.72	1.66	5.49	3.26
孟津县	50.44	4.40	19.01	13.69	2.10	1.04	6.01	0.36	2.95

地表覆盖类型	耕地	园地	林地	草地	人工堆掘地	道路	荒漠与裸露地	房屋建筑	构筑物
吉利区	52.12	2.19	20.76	12.75	6.11	1.66	0.00	0.36	4.04
孟州市	53.29	0.43	9.83	11.65	2.92	1.43	18.88	0.14	1.43
台前县	55.02	2.20	24.20	3.33	0.77	2.00	1.16	8.79	2.53
祥符区	55.19	1.09	21.60	6.57	0.46	1.59	0.17	11.37	1.97
荥阳市	56.09	4.11	6.75	12.21	2.00	1.12	14.94	1.41	1.38
范县	57.27	3.57	19.92	6.61	1.19	2.04	0.02	6.45	2.93
中牟县	64.72	7.60	9.48	3.63	0.74	1.27	6.94	4.12	1.50
原阳县	65.19	2.54	9.26	3.93	1.28	1.35	2.26	11.34	2.85
巩义市	66.21	6.82	4.40	5.11	0.46	0.94	14.70	0.43	0.93
长垣县	68.63	1.04	12.38	4.91	0.61	1.47	0.20	8.83	1.93
兰考县	71.18	1.88	7.60	8.90	0.61	1.54	1.51	2.45	4.32
濮阳县	73.21	1.39	10.82	4.00	0.75	1.27	0.49	6.96	1.11
封丘县	74.31	1.13	5.54	5.17	0.83	1.10	6.16	4.83	0.93
温县	74.82	5.90	4.38	6.51	0.24	1.21	3.52	1.82	1.60
武陟县	80.74	2.97	3.75	5.55	0.09	1.55	1.40	2.68	1.28

　　2015—2019年，河南省黄河滩区地表覆盖主导类型未发生变化，依然是耕地和林地，受滩区开发利用影响，部分类型面积变化较大，园地和耕地面积分别增加22.22平方千米、17.09平方千米；林地面积减少62.8平方千米。与2015年相比，滩区地表覆盖主导类型未发生变化，依然是耕地为主，其次是林地；但各地表覆盖类型发生了明显变化，林地、荒漠与裸露地、草地面积减少，减少量分别为62.78平方千米、21.36平方千米、17.85平方千米；而园地、耕地、人工堆掘地、房屋建筑区、构筑物、道路都有所增加，增加量分别为22.22平方千米、17.09平方千米、13.23平方千米、8.14平方千米、7.73平方千米、2.75平方千米，园地和耕地均增加明显（图6-4、图6-5）。

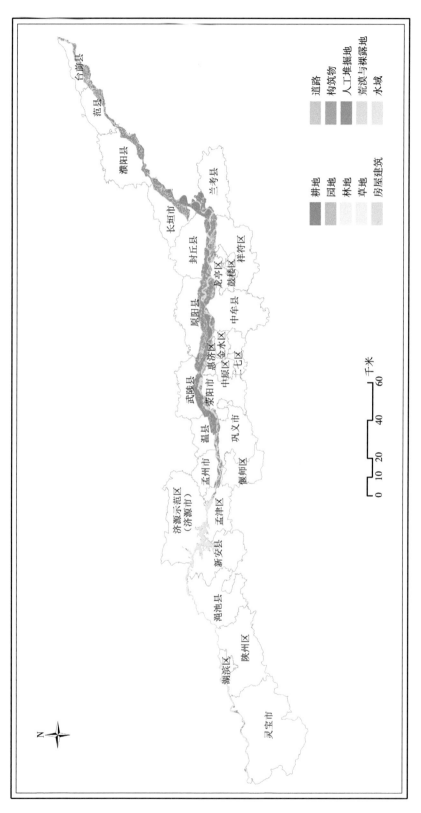

图6-3 2019年河南省黄河滩区土地覆盖

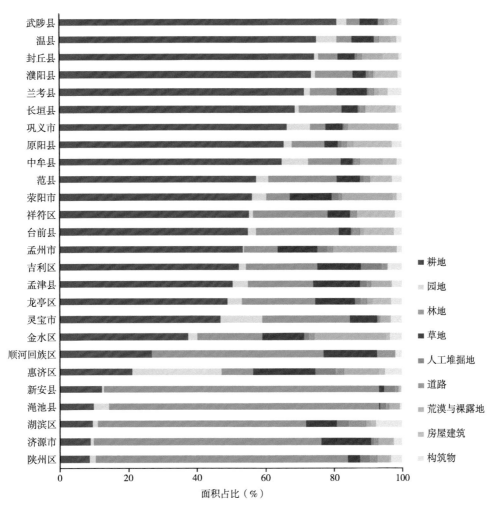

图6-4 2019年河南省黄河滩区地表覆盖类型

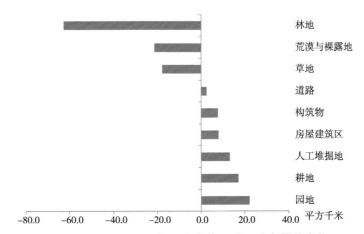

图6-5 2015—2019年河南省黄河滩区地表覆盖变化

6.1.1.2 嫩滩

河南省黄河滩区17%的面积为嫩滩，地表覆盖类型中去除水体六成为耕地，二成为荒漠与裸露地，一成为草地；各河段中峡谷段嫩滩区的耕地占比最高，为65.73%，山地丘陵段嫩滩区的草地和荒漠与裸地的占比在3个河段最为突出，分别为15.81%和24.79%。滩区的嫩滩部分是行洪区，其地表覆盖类型以及变化对于行洪安全具有重要影响。如表6-3、图6-6所示，2019年，黄河滩区嫩滩面积为420平方千米，约占整个滩区面积的17%，地表覆盖类型依然以耕地为主导，面积占比为59.39%；其次是荒漠与裸露地，占整个嫩滩面积的17.88%；再次是草地，在嫩滩面积占整个嫩滩面积的12.1%。从嫩滩所在的各河段来看，如图6-7所示，孟津以上的峡谷段的耕地在整个河段占比最高，为65.73%；山地丘陵段嫩滩区的草地和荒漠与裸地的占比在3个河段最为突出，分别为15.81%和24.79%；冲积平原段嫩滩以耕地占比为主，为60.70%。整体来看，嫩滩区对行洪构成威胁的地表覆盖类型主要是耕地和草地。

表6-3 2019年河南省黄河滩区嫩滩地表覆盖类型

地表覆盖类型	全河段	峡谷段	山地丘陵段	冲积平原段
耕地	59.39	65.73	51.85	60.70
园地	2.20	1.19	1.64	2.78
林地	4.00	4.38	2.63	5.39
草地	12.12	14.61	15.81	11.93
道路	0.26	0.51	0.69	0.97
房屋建筑	0.79	0.07	0.08	0.34
构筑物	2.04	1.57	1.38	2.55
人工堆掘地	1.32	3.61	1.13	1.23
荒漠与裸露地	17.88	8.32	24.79	14.10

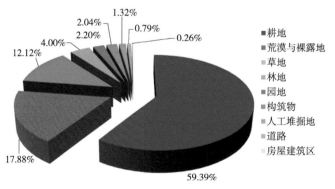

图6-6 2019年河南省黄河滩区嫩滩土地覆盖类型面积占比

河南省黄河嫩滩各县（区）地表覆盖类型面积占比差异明显，其中耕地面积占比最小的是金水区，为5.08%，耕地占比面积最大的是武陟县、长垣县和吉利区3个县（区），均在50%以上；惠济区的嫩滩人工地表和园地占比最大，对嫩滩的行洪功能构成了一定的威胁。河南省黄河滩区的嫩滩区各县（区）地表覆盖类型较为丰富，如表6-4、图6-7所示，除郑州市金水区、洛阳市吉利区和焦作市武陟县外，地表覆盖各类型在嫩滩区其他县（区）均有分布，但地表覆盖类型面积占比的比例构成差异明显，主要表现在耕地、水体、荒漠与裸露地以及草地占比。首先，耕地面积占比最小的是金水区，为5.08%，耕地占比面积最大的是武陟县、长垣县和吉利区3个县（区），均在50%以上。而道路、房屋建筑、构筑物和人工堆掘地等人工地表在嫩滩总体占比较小，变化在1.08%~8.93%。其中郑州惠济区的嫩滩人工地表占比最大，为8.93%，该区域旅游资源开发强度较高，有较为集中的娱乐场所。此外，黄河滩区的嫩滩中惠济区的园地面积占比也最高，达11.14%，明显高于其他县（区）3~10倍，该区有许多设施农业。旅游和农业资源的开发促进了黄河滩区的经济发展，但同时对嫩滩的行洪功能构成了威胁，大大增加了洪水风险。

表6-4 河南省黄河嫩滩区地表覆盖类型面积占比（%）

地表覆盖	耕地	园地	林地	草地	道路	房屋建筑	构筑物	人工堆掘地	荒漠与裸露地	水体
范县	43.48	2.12	6.64	5.29	0.52	0.60	1.85	0.46	0.07	38.96
封丘县	49.39	0.85	1.41	3.98	0.29	0.07	0.66	0.45	15.79	27.12
巩义市	39.08	1.11	1.27	7.94	0.24	0.02	1.02	0.27	25.43	23.63
惠济区	11.22	11.14	3.29	12.56	1.34	0.73	2.97	3.90	11.43	41.43
吉利区	54.86	0.76	0.79	6.92	0.36	0.05	1.40	2.85	0.00	31.99
金水区	5.08	0.00	0.77	1.62	0.23	0.03	1.25	0.06	27.87	63.09
兰考县	35.24	0.01	1.77	9.22	0.53	0.05	0.81	0.02	5.11	47.24
龙亭区	36.78	0.83	3.66	16.17	0.80	0.28	2.37	0.93	4.94	33.24
孟津县	29.53	0.77	4.83	11.83	0.29	0.04	0.62	1.78	10.68	39.63
孟州市	46.53	0.01	4.22	9.85	0.95	0.04	1.18	2.69	18.01	16.52
濮阳县	43.63	0.44	4.75	2.69	0.58	0.17	1.03	0.05	2.90	43.76
台前县	29.93	0.72	7.27	2.32	0.34	0.09	1.27	0.67	4.67	52.71
温县	36.59	4.65	2.17	20.11	0.50	0.10	0.67	0.61	15.51	19.10
武陟县	59.27	0.17	1.25	10.07	0.64	0.14	1.76	0.00	8.97	17.74
祥符区	38.50	0.24	5.72	16.84	0.98	0.10	2.07	0.59	0.25	34.71

（续表）

地表覆盖	耕地	园地	林地	草地	道路	房屋建筑	构筑物	人工堆掘地	荒漠与裸露地	水体
荥阳市	17.49	0.37	1.18	12.70	0.30	0.01	0.66	0.77	27.20	39.32
原阳县	41.10	0.90	1.29	6.05	0.60	0.23	2.20	1.32	8.78	37.53
长垣县	55.54	0.32	1.05	5.13	0.42	0.06	1.21	0.20	2.00	34.06
中牟县	44.78	2.34	1.01	3.54	0.29	0.06	0.54	0.18	17.13	30.12

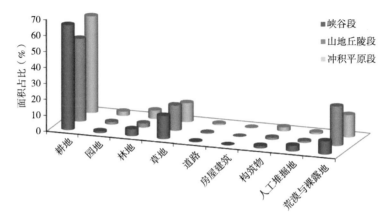

图6-7　河南省黄河各河段嫩滩区地表覆盖类型分布

如图6-8、图6-9所示，2015—2019年，嫩滩地表覆盖类型变化较大的是耕地、草地及荒漠与裸露地，其面积变化量分别为30.84平方千米、-23.89平方千米、-19.74平方千米。与2015年相比，嫩滩地表覆盖类型变化较大是耕地、草地及荒漠与裸露地，其中耕地面积增加30.84平方千米，而草地及荒漠与裸露地分别减少23.89平方千米、19.74平方千米。

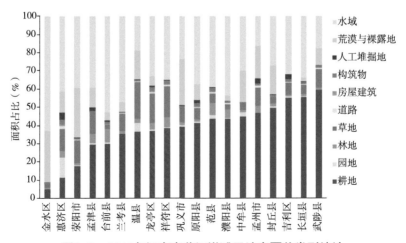

图6-8　2019年河南省黄河嫩滩区地表覆盖类型统计

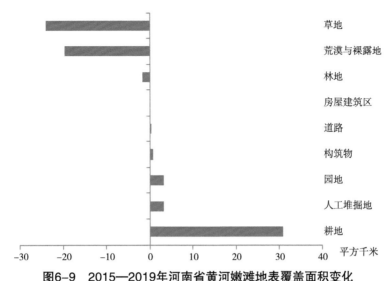

图6-9   2015—2019年河南省黄河嫩滩地表覆盖面积变化

6.1.2   2015—2019年滩区地表覆盖转换

如图6-10所示，2015—2019年，滩区16%的地表覆盖类型发生变化，其中二级、三级滩是滩区开发利用的重点，约七成变化发生在二滩和老滩，其余三成变化发生在嫩滩。围绕滩区开发利用需求，各种地表覆盖类型虽互有转换，但转换方向主要是林草转耕地，耕地转园地和人工地表。通过叠加分析，对滩区及嫩滩地表覆盖变化情况进行分析，如图6-10所示，2015—2019年，河南省沿黄区域滩地中约405.6平方千米的区域地表覆盖类型发生转变，约占整个滩区面积的16%，其中嫩滩中约131.2平方千米地表覆盖类型发生转变，占整个滩区变化面积的32.3%。在整个滩区中，地表覆盖类型变化主要以耕地、林草的转变为主，其中林草转化为耕地的面积最多，达103.4平方千米，而耕地转换为林草的面积为59.2平方千米；未利用地有30平方千米转化为耕地；耕地有32平方千米转化为人工地表，28平方千米的耕地转园地，同时有12.6平方千米的人工地表转耕地，13.4平方千米的园地转耕地，即耕地更多的转变为高效益的园地以及相配套的人工地表。在嫩滩中，地表覆盖变化除了围绕耕地，林草转换较多外，由于受河流水位高低影响，水域与耕地、林地的转化量也较大。相比耕地转换为林草、未利用地，更多未利用地、林草转换为耕地，转换面积分别为28平方千米、23平方千米。

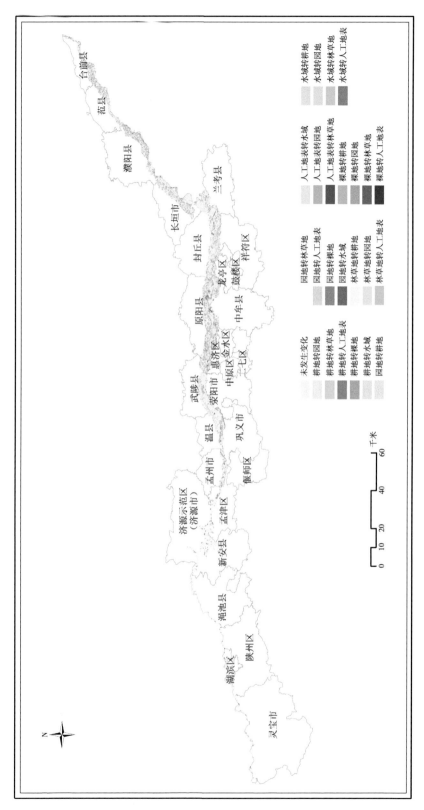

图6-10 2015—2019年河南省黄河滩区土地覆盖变化

6.2   滩区耕地资源

河南省是农业和人口大省，同时也是耕地资源较少、人地矛盾较为突出的省份。随着全省经济社会的快速发展，特别是黄河流域生态保护与高质量发展战略的深入实施，沿黄区域各级重点建设项目将密集实施和快速推进，国土空间布局也将作相应的调整。河南省黄河滩区面积广阔，农业开发历史悠久，本节在地理国情数据基础上，对滩区耕地资源、后备耕地资源、基本农田开发利用情况进行分析，以期对国土空间布局调整以及全省国土空间规划的编制提供借鉴。

6.2.1   滩区耕地现状

河南省黄河滩区96.0%的耕地集中分布在武陟县以下的滩区，84.0%的耕地分布于洪水淹没风险较小的中滩和老滩；耕地面积排名前五的市（县）为原阳县、长垣县、封丘县、濮阳县、武陟县，约占滩区耕地总面积的六成。2019年耕地地理国情普查结果如图6-11所示，滩区耕地面积为1 578.50平方千米，其中老中滩耕地面积为1 328.57平方千米，占总耕地面积的84.0%；嫩滩耕地面积为249.93平方千米，占总耕地面积的16.0%。从耕地分布来看，滩区约96%的耕地分布于沿黄中下游，从武陟县、荥阳市、原阳县一直到台前县，耕地面积大于100平方千米的有5个市（县），分别是原阳县277.90平方千米、长垣县215.49平方千米、封丘县153.94平方千米、濮阳县148.18平方千米、武陟县147.93平方千米，5县滩区耕地面积占滩区总面积的59.83%。根据2千米×2千米网格计算耕地密度可知，从武陟县开始的中下游县（市、区）平均耕地密度都较高，大部分都在50%以上（图6-12至图6-14）。

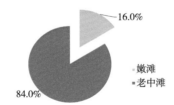

图6-11   河南省黄河滩区功能分区的耕地分布比例

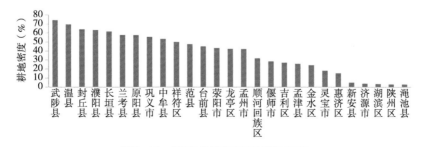

图6-12   河南省黄河滩区耕地密度

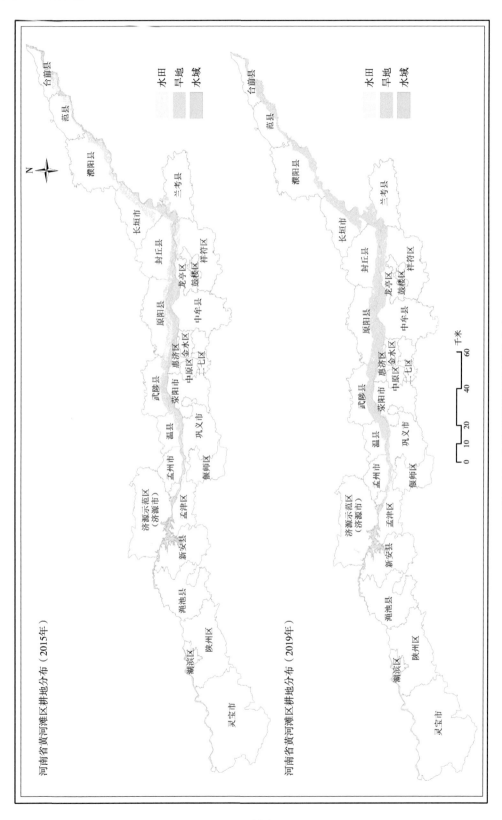

图6-13　河南省黄河滩区耕地分布

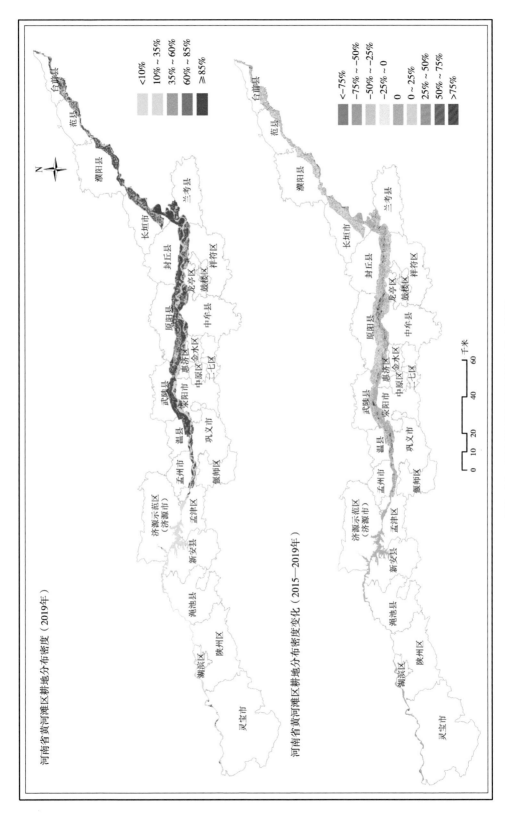

河南省黄河滩区耕地分布密度（2019年）

河南省黄河滩区耕地分布密度变化（2015—2019年）

图6-14 河南省黄河滩区耕地分布密度

6.2.2　滩区后备耕地现状

　　滩区后备耕地面积为266.13平方千米，78.60%分布于沿黄中下游段，祥符区、濮阳县、武陟县等后备耕地面积排名前三。滩区后备耕地面积为266.13平方千米，主要分布在河南沿黄段中下游祥符区、濮阳县、武陟县、封丘县、新安县、原阳县、范县、温县、长垣县等县（区），其面积总和209.42平方千米，占整个后备耕地面积的78.6%。其中开封祥符区后备耕地面积最多，为41.17平方千米；其次是濮阳县，后备耕地面积为35.89平方千米；再次是武陟县，后备耕地面积为27.62平方千米。位于河南沿黄段上游滩区的后备耕地面积整体较小，灵宝市、孟州市、吉利区、偃师市等后备耕地面积小于0.80平方千米（表6-5、图6-15）。

表6-5　沿黄滩区后备耕地面积情况

名称	面积（平方千米）
祥符区	41.17
濮阳县	35.89
武陟县	27.62
封丘县	25.20
新安县	24.27
原阳县	17.20
范县	17.02
温县	10.77
长垣县	10.27
渑池县	9.54
龙亭区	8.16
孟津县	7.57
兰考县	6.05
济源市	5.47
中牟县	4.78
台前县	4.43
荥阳市	3.47
湖滨区	2.56
陕州区	1.89
巩义市	1.26
灵宝市	0.74
孟州市	0.30
吉利区	0.23
惠济区	0.22
顺河回族区	0.024
偃师市	0.007 1
合计	266.13

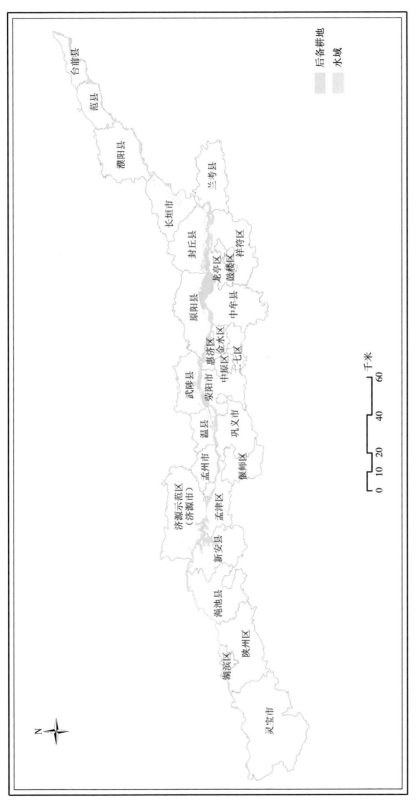

图6-15 河南省黄河滩区后备耕地分布

6.3 滩区农业开发

在黄河流域生态保护与高质量发展背景下，大力发展特色农业是滩区开发利用的主要方向之一，根据特色农业特征，利用地理国情园地、人工草地、温室大棚等表征滩区特色农业发展的土地类型，对全省黄河滩区特色农业分布及近5年变化情况进行分析评价，为下一步滩区特色农业发展布局提供借鉴。

6.3.1 滩区特色农业分布

滩区特色农业发展可概括为"菜园、果园、花园、草场"三园一场，主要有园地、人工草地、温室大棚等类型，以园地为主，三者在特色农业中的占比为7：2：1（图6-16）。主要分布于河南省黄河流域下游。滩区迁建对于滩区特色农业的发展具有明显的促进作用。

河南省沿黄区域滩区特色农业总面积约为108.22平方千米，主要包括园地、人工草地、温室大棚等，其中以园地为主，面积为76.0平方千米，占整个滩区特色农业的70.32%；其次为人工草地，面积为22.6平方千米，占整个滩区特色农业的20.89%；再次是温室大棚，面积为9.52平方千米，占整个滩区特色农业的8.80%。河南省滩区特色农业空间分布特征明显，总体上看主要分布于黄河流域下游其中又集中于迁建区（原阳县、中牟县、范县、长垣县、台前县、濮阳县、封丘县、祥符区），迁建区园地、人工草地、温室大棚面积分别占整个滩区特色农业面积的48.66%、68.03%、74.28%（图6-17至图6-19）。

滩区特色农业发展形式可概括为"菜园、果园、花园、草场"，与耕地的分布具有明显的相似性，滩区特色农业主要分布于桃花峪以下的黄河下游地区。根据统计分析，滩区迁建对于滩区特色农业的发展具有明显的促进作用，依据黄河河道管理办法规定，滩区居民迁出后的滩区土地可以依法进行流转，在不影响黄河行洪、滞洪、沉沙的前提下，鼓励利用滩区土地资源，促进土地规模化经营，发展生态、休闲农业。2017年实施的《河南省黄河滩区居民迁建规划》中，提出引导和鼓励滩区先制定出台鼓励滩区土地流转的支持政策，按照"滩内种草、滩外养牛、城郊加工、集群发展"的思路，突出抓好沿黄奶业发展，积极发展花卉、肉牛养殖、水产养殖等优质高效特色农业，这些措施都将进一步助力迁建区特色农业的发展。由于滩区农民迁建，有利于发挥规模效应，集中连片整治土地和流转，有利于特色农业发展带动居民脱贫致富，因此，根据防洪需要和地方实际，进一步推进滩区居民迁建是发挥滩区耕地资源优势的有效方法之一。

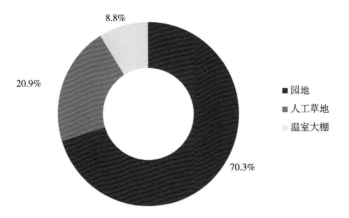

8.8%

20.9%

70.3%

■园地
■人工草地
□温室大棚

图6-16 河南省黄河滩区特色农业构成

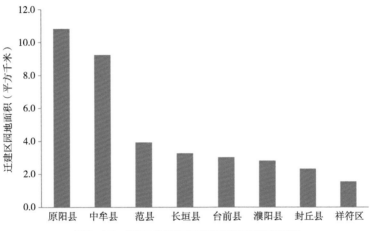

图6-17 河南省黄河滩区迁建区园地面积

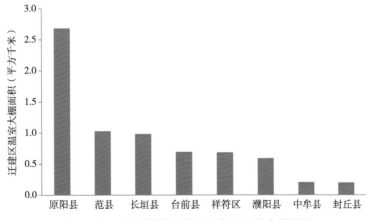

图6-18 河南省黄河滩区迁建区温室大棚面积

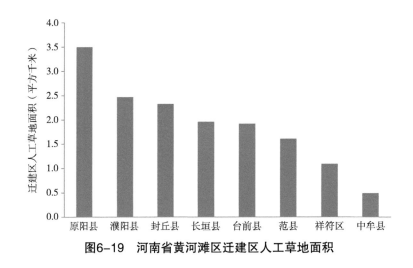

图6-19 河南省黄河滩区迁建区人工草地面积

6.3.2 滩区特色农业变化

2015—2019年，滩区特色农业增长迅速，以园地和温室大棚发展为主，其分别增加了41%和33倍。与2015年相比，滩区园地、人工草地、温室大棚等特色农业面积由76.04平方千米增加到108.22平方千米，增长了42.32%；其中以园地、温室大棚增加量为主，5年时间滩区园地面积由54.01平方千米增加到76.10平方千米，增加了40.91%；温室大棚面积由0.28平方千米增加到9.52平方千米，增加了33倍；人工草地面积增加较少，由21.75平方千米增加到22.60平方千米，增加了3.91%。对于迁建区，增加的园地面积主要分布在中牟县、范县、封丘县，其园地面积分别增加了6.54平方千米、1.49平方千米、1.05平方千米；人工草地变化不大，基本与2015年持平；温室大棚都呈现快速增加的态势，其中增加量较多的为原阳县，范县、长垣县，增加量分别为2.67平方千米、0.99平方千米、0.98平方千米（表6-6、图6-20、图6-21）。

发展特色农业是推进滩区农业供给结构调整，带动农民脱贫致富的有效手段，是各地积极鼓励的发展方式，通过近5年的特色农业变化分析，滩区特色农业增长迅速。由于滩区不少耕地为基本农田，根据基本农田相关法律法规，不准占用基本农田进行植树造林、发展林果业和搞林粮间作以及超标准建设农田林网等，即不准流转基本农田发展草坪、果树、茶树等高附加值产业。因此，在滩区要紧密结合土地属性推进特色农业发展，同时研究出台相关政策，如对不改变土地耕作层、不影响耕种的一年生经济作物调整行为，予以准许；对改变土地耕作层，影响耕种的行为，视为非种植行为，不予补贴，对违法行为进行制止。实行精准的农业补贴，对未实行耕种的土地承包者可考虑不再补贴。同时，加大地力保护补贴，对承担耕地保护任务的农村集体经济组织、新型经营主体和农户给予奖补，改善流转土地中的水、路等条件。

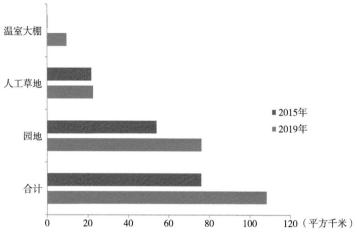

图6-20　2015年、2019年黄河滩区特色农业变化特征

表6-6　黄河滩区迁建区特色农业变化（平方千米）

类型	时间	原阳县	中牟县	范县	长垣县	台前县	濮阳县	封丘县	祥符区
园地	2015	12.35	2.70	2.46	3.13	2.83	2.52	1.28	1.04
	2019	10.83	9.24	3.94	3.28	3.03	2.82	2.33	1.56
	变化	-1.52	6.54	1.48	0.15	0.20	0.30	1.05	0.52
人工草地	2015	3.54	0.48	1.25	2.09	2.14	2.29	2.34	1.09
	2019	3.50	0.49	1.61	1.96	1.92	2.47	2.33	1.09
	变化	0.04	0.01	0.36	-0.13	-0.22	0.18	-0.01	0.00
温室大棚	2015	0.01	0.000 5	0.04	0.00	0.02	0.03	0.01	0.007
	2019	2.68	0.20	1.03	0.98	0.70	0.59	0.20	0.69
	变化	2.67	0.20	0.99	0.98	0.68	0.56	0.19	0.68

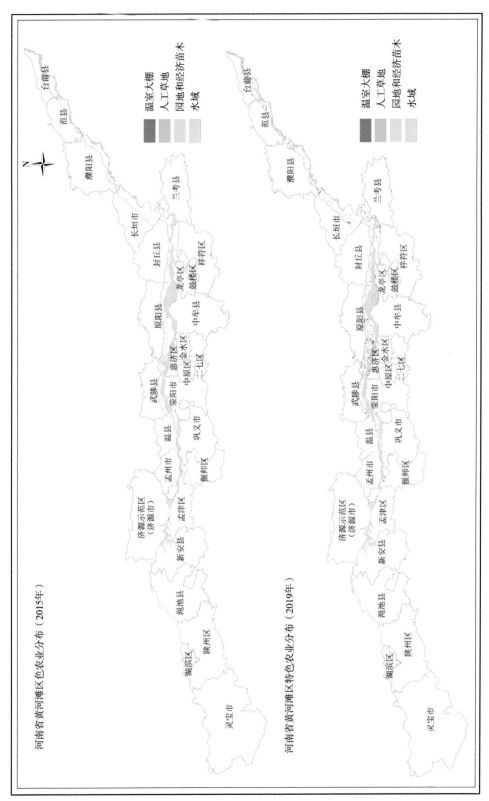

图6-21　河南省黄河滩区特色农业分布

6.4　滩区房屋建筑情况

　　黄河滩区不仅是黄河泄洪、滞蓄洪水的通道，也是滩区群众生产生活的重要场所，具有防洪安全和生产发展的多种功能。随着沿黄区域经济社会的快速发展，滩区内开发建设活动明显增多，河南省黄河管理相关条例办法等也作出规定，加大黄河滩区开发管理力度，黄河河道内的滩地不得规划为城市建设用地、商业房地产开发用地和工厂、企业成片开发区。利用地理国情统计数据，对滩区房屋建筑情况进行分析，以期对滩区开发建设管理提供指导。

6.4.1　滩区房屋建筑特征

　　滩区房屋建筑以低矮房屋区类型为主，占比为96.9%，但还有层高在4层或以上或楼高10米以上的多层建筑82.53万平方米（图6-22）。河南沿黄滩区范围内房屋建筑类型根据聚集程度、房屋高度可分为以单体建筑或集聚程度低为代表的低层或多层独立房屋建筑（图6-23），以连片房屋建筑为代表的低层或多层房屋区，多层主要是指层高在4层及以上或楼高10米以上。截至2019年，滩区现有房屋建筑15 595万平方米，其中以低矮房屋区为主，面积15 110万平方米，占整个房屋建筑96.9%，其他类型占比较少，合计占整个房屋建筑的3.1%，其中低矮独立建筑面积402万平方米，占整个房屋建筑的2.6%；多层房屋区面积76万平方米，占整个房屋建筑的0.49%；多层独立建筑面积6万平方米，占整个房屋建筑的0.04%。

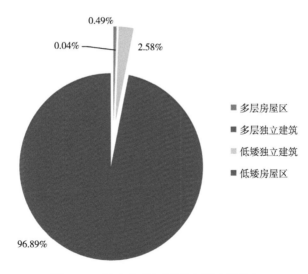

图6-22　河南省黄河滩区房屋建筑特征

图6-23　河南省黄河滩区多层及以上独立房屋建筑

河南省黄河滩区内多层建筑主要分布于原阳县、长垣县、巩义市、台前县、惠济区、范县6县（市、区），占整个滩区多层建筑面积的97.5%，其中尤以原阳县、长垣县、巩义市分布最多，占整个滩区多层建筑面积的87%，需要重点核查是否有违规进行商业房地产开发等行为。滩区内多层建筑分布于范县、巩义市、湖滨区、惠济区、济源市、孟津县、濮阳县、陕州区、台前县、祥符区、荥阳市、原阳县、长垣县、中牟县14个县（市、区），其中以6个县（市、区）分布为主，分别是原阳县34.61万平方米、长垣县25.29万平方米、巩义市10.29万平方米、台前县4.23万平方米、惠济区3.64万平方米、范县2.16万平方米，占整个滩区多层建筑面积的97.5%，这6个县（市、区）中又以前3个县（市、区）分布面积最多，占整个滩区的87%。其余分别为湖滨区0.52万平方米、济源市0.89万平方米、孟津县0.05万平方米、濮阳县0.31万平方米、陕州区0.05万平方米、祥符区0.12万平方米、荥阳市0.17万平方米、中牟县0.19万平方米，占整个滩区多层建筑面积的2.5%（图6-24）。

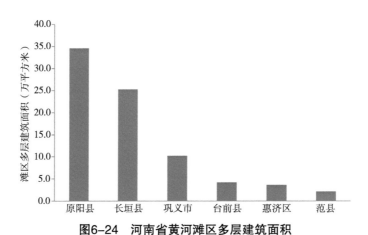

图6-24　河南省黄河滩区多层建筑面积

如表6-7和图6-25可知，近5年滩区房屋建筑面积整体增幅较小，但低矮独立建筑和多层房屋区建筑快速增加，主要集中在原阳县、濮阳县、巩义市，需加强排查是否有违规商业开发现象。2015—2019年，滩区房屋建筑面积增加了5.50%，约814万平方米，其中增加类型多以低矮房屋区为主，增加了664.45万平方米；其次是低矮独立建筑增加了113.75万平方米。面积增加主要集中在原阳县、濮阳县、台前县、长垣县等。与2015年相比，滩区房屋建筑面积由14 781.31万平方米增加到2019年15 594.97万平方米，增加了813.66万平方米，增幅为5.50%。从各类型来看，低矮房屋区由14 445.92万平方米增加到15 110.37万平方米，增加了664.45万平方米，增幅为4.60%；低矮独立建筑面积由288.32万平方米增加到402.08万平方米，增加了113.76万平方米，增幅为39.45%；多层房屋区面积由41.19万平方米增加到76.20万平方米，增加了35.01万平方米，增幅为85.38%；多层独立建筑面积保持稳定。从各县（市、区）来看，低矮房屋区面积增加的区域主要集中在原阳县、濮阳县、台前县、长垣县，其增加量分别是367.37万平方米、102.30万平方米、98.04万平方米、96.49万平方米；低矮独立房屋面积增加主要集中在原阳县、濮阳县，其增加量分别是40.79万平方米、14.57万平方米；多层房屋区面积增加主要集中在原阳县、巩义市，其增加量分别是17.84万平方米、10.13万平方米。

表6-7 河南省黄河滩区房屋建筑面积变化特征

名称	2015年（万平方米）	2019年（万平方米）	增幅（万平方米）
低矮房屋区	14 445.92	15 110.37	664.45
低矮独立建筑	288.32	402.08	113.76
多层房屋区	41.19	76.20	35.01
多层独立建筑	5.87	6.33	0.46
合计	14 781.31	15 594.97	813.66

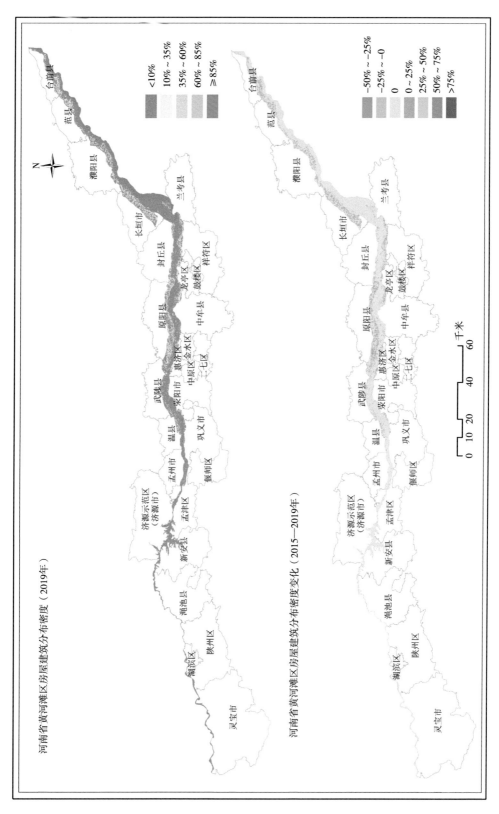

图6—25 河南省黄河滩区房屋建筑分布密度

6.4.2 滩区嫩滩房屋建筑特征

河南省沿黄区域滩区嫩滩范围内分布约100万平方米的房屋建筑，存在黄河行洪隐患大、村庄洪水淹没风险高等问题。嫩滩作为发生洪水时的主要排洪通道，该区应清除一切行洪障碍，包括片林、生产堤、房屋建筑等，该区居民应在移民政策的引导下逐步迁出。根据2019河南省地理国情普查数据，迁建区嫩滩中有房屋建筑面积61.76万平方米，其中长垣县1.84万平方米，涉及长垣县国营农场；中牟县2.66万平方米，涉及狼城岗镇、万滩镇、雁鸣湖镇等乡镇；祥符区2.32万平方米，涉及袁坊乡、刘店乡；原阳县23.84万平方米，涉及陡门乡、官厂乡、韩董庄乡、蒋庄乡、靳堂乡、桥北乡、大宾乡；封丘县5.20万平方米，涉及曹岗乡、陈桥镇、荆隆宫乡、李庄镇、尹岗乡；范县17.88万平方米，涉及陈庄乡、辛庄镇、杨集乡、张庄乡；台前县2.37万平方米，涉及清水河乡、马楼镇、吴坝镇；濮阳县5.64万平方米，涉及郎中乡、梨园乡、渠村乡、王称固乡、习城乡。根据黄河河道管理办法，滩区居民迁建安置后，当地人民政府应当组织拆除滩区内原房屋建筑等阻碍行洪的设施，对拆除设施产生的建筑垃圾应当实施分类处理。因此，应进一步加强迁建区嫩滩房屋建筑的拆迁工作。

非迁建区的嫩滩中有房屋建筑面积39.00万平方米，其中荥阳市0.83万平方米，涉及高村乡、广武镇、汜水镇、王村镇；武陟县3.67万平方米，涉及北郭乡、大封镇、嘉应观乡、詹店镇；温县1.59万平方米，涉及温泉镇、招贤乡、祥云镇；孟州市0.94万平方米，涉及大定街道、化工镇、会昌街道、西虢镇；孟津县1.13万平方米，涉及白鹤镇、会盟镇；龙亭区4.98万平方米，涉及柳园口乡、水稻乡；兰考县1.51万平方米，涉及谷营乡、三义寨乡、东坝头乡；吉利区0.18万平方米，涉及吉利乡；惠济区23.34万平方米，涉及古荥镇、花园口镇、新城街道；巩义市0.82万平方米，涉及河洛镇、康店镇。这些嫩滩区域应推进房屋建筑拆迁工作，保证黄河行洪安全。

6.5 本章小结

本章依据《河南省黄河防汛条例》《河南省黄河工程管理条例》《河南省黄河河道管理办法》及其他有关法律法规规定，结合滩区发展实际，借助地理国情普查监测数据，对全省沿黄滩区土地资源开发利用情况进行分析，结果如下。

河南省黄河滩区总面积约为2 500平方千米，分布着耕地、园地、林地、草地、房屋建筑区、道路、构筑物、人工堆掘地、荒漠与裸露地表等多种地表覆盖类型，其中五分耕地，二分水域，一分林地。2015—2019年，滩区地表覆盖主导类型未发生变化，依然是耕地和林地，受滩区开发利用影响，部分类型面积变化较大，园地和耕地面积分别增加22.22平方千米、17.09平方千米；林地面积减少62.78平方千米。

河南省黄河滩区17%的面积为嫩滩，需保障其行洪功能，83%的面积为老中滩，可以进行合理的开发利用。与整体滩区的地表覆盖构成规律有所区别，嫩滩中地表覆盖类型中六成为耕地，三成是荒漠与裸露地和草地，这主要与其行洪的主导功能相符合。嫩滩各县（市、区）地表覆盖类型面积占比的比例构成差异明显，耕地面积占比最小的是金水区，为5.08%，耕地占比面积最大的是武陟县、长垣县和吉利区3个县（区），均在50%以上；惠济区嫩滩的人工地表和园地占比最大，对行洪功能构成了一定的威胁。2015—2019年，滩区16%的地表覆盖类型发生变化，约七成变化发生在老中滩，其余三成变化发生在嫩滩，即通过地表覆盖转换分析也证明，老中滩是滩区开发利用的重点。围绕滩区开发利用需求，各种地表覆盖类型虽互有转换，更多的转换方向主要是林草转耕地、耕地转园地和人工地表。

滩区耕地面积中96.0%的耕地分布于从武陟县开始的中下游，84.0%的耕地分布于洪水淹没风险较小的老中滩；耕地面积排名前五的市（县）为原阳县、长垣县、封丘县、濮阳县、武陟县，约占滩区耕地总面积的六成。滩区后备耕地面积为266.13平方千米，主要分布于沿黄中下游段，占整体后备耕地的78.6%。

滩区特色农业发展可概括为"菜园、果园、花园、草场"三园一场，主要有园地、人工草地、温室大棚等土地类型，以园地为主，三者在特色农业中的占比约为7∶2∶1。主要分布于黄河流域（河南段）下游。滩区迁建对于滩区特色农业的发展具有明显的促进作用。同时，由于滩区耕地大部分属于基本农田，在滩区特色农业发展中，要与国土空间布局紧密结合，遵循不准流转基本农田发展草坪、果树、茶树等高附加值产业等保护政策。

滩区房屋建筑类型可分为低矮房屋区、低矮独立建筑、多层房屋区、多层独立建筑，以低矮房屋区类型为主，占比为96.89%，但还有层高在4层及以上或楼高10米以上的多层建筑82.53万平方米。多层建筑主要分布于原阳县、长垣县、巩义市、台前县、惠济区、范县6县（市、区），占整个滩区多层建筑面积的97.5%，需要重点核查是否有违规进行商业房地产开发等行为。沿黄区域滩区嫩滩作为主要行洪通道，在其范围内存在约100万平方米的房屋建筑，存在黄河行洪隐患大、村庄洪水淹没风险高等问题。

7 存在问题及对策建议

7.1 存在问题

7.1.1 沿黄区域林草覆盖中游区域林草覆盖率普遍较高，下游区域林草覆盖率普遍较低，黄河沿岸林草覆盖分布不连续形态明显

沿黄区域林草总面积为22 937.67平方千米，林草平均覆盖率为38.73%。总体来看，黄河中游区域林草覆盖率较高，三门峡市、济源市、洛阳市分别高达67.28%、59.09%、57.23%；下游区域林草覆盖率较低，开封市、濮阳市和滑县，林草覆盖率分别为12.65%、12.16%和6.59%，不足整个沿黄流域平均林草覆盖率的1/2。

高水位到大堤外5千米缓冲区区域内林草覆盖率为26.27%，低于整个沿黄区域的林草覆盖率超过10个百分点。林草在整个带状区域内空间分布不均，中游区域林草覆盖率为38.36%，整体较高，涉及的县（区）超过1/2林草覆盖率均在30%以上，但各县（区）林草覆盖率高低交错，渑池县、济源市与新安县林草覆盖率分别达到了79.74%、63.65%和58.34%，而武陟县和温县林草覆盖率不足10%。下游区域林草覆盖率为16.14%，与中游区域相差1倍以上且空间分布上同样存在高低交错的情况。

7.1.2 黄河中游地区砾石地表和岩石地表分布广、面积大，黄河大堤内及两侧5千米缓冲区范围内沙质地表面积占比较大

荒漠与裸露地包括盐碱地表、泥土地表、沙质地表、砾石地表、岩石地表，属于生态承载力较小、生态环境敏感脆弱的生态用地，是生态保护中的重点和难点。沿黄区域有荒漠与裸露地图斑12 378个，面积为314.69平方千米，主要为砾石地表和沙质地表，分别占63.29%和23.38%。砾石地表主要分布在卢氏县、嵩县、洛宁县、辉县、济源市等伏牛山、太行山等低山丘陵区域。沙质地表主要分布在黄河大堤内及两侧5千米缓冲区范围内，面积为70.69平方千米，占沿黄沙质地表的96.07%。

7.1.3　黄河中游地处黄土高原边缘区，生态较为脆弱，黄河大堤内及两侧5千米缓冲区存在大量露天采掘场，极易对其周边生态用地产生破坏作用

　　露天采掘场对生态环境产生强烈的破坏作用，不及时治理将导致严重的林草地退化和水土流失，并呈现集中连片的趋势，增大治理难度。露天采掘场主要包括露天煤矿采掘场、露天铁矿采掘场、露天铜矿采掘场、露天采石场、露天稀土矿采掘场以及其他采掘场。沿黄区域有露天采掘场图斑10 755个，面积为351.75平方千米，集中分布在洛阳、三门峡、焦作、郑州西部的太行山、伏牛山等山地丘陵区。沿黄干线及两侧大堤外5千米的缓冲区范围内，有露天采掘场图斑906个，面积为55.66平方千米，占沿黄区域的15.8%；缓冲区内新安县、渑池县、陕州区、济源市，位于黄河中游，共有露天采掘场图斑581个，面积为43.89平方千米，占缓冲区内露天采掘场总面积的78.9%。

7.1.4　沿黄区域自然保护区人类活动强度增加，露天采掘场面积减少，但生态破坏依然存在

　　河南省沿黄河自然保护区自然生态空间总面积从2015年监测的580.35平方千米减少至2019年监测的552.39平方千米，面积减少了4.82%。种植土地总面积从2015年监测的591.15平方千米增加至2019年监测的614.44平方千米，面积增加了3.94%。人工表面总面积从2015年监测的37.08平方千米增加至2019年监测的41.71平方千米，面积增加了12.48%。露天采掘场总面积从2015年监测的4.69平方千米减少至2019年监测的1.64平方千米，面积减少了65.08%；数量从2015年监测的115处减少至2019年监测的55处，数量减少了52.17%；但河南新乡鸟类湿地国家级自然保护区、河南郑州黄河湿地省级自然保护区露天采掘场面积出现小幅度增长。

7.1.5　黄河滩区嫩滩范围内有约100万平方米的房屋建筑，存在黄河行洪隐患大、村庄洪水淹没风险高等问题

　　河南省沿黄区域滩区自洛阳市孟津县白鹤至濮阳市台前县张庄，滩区面积约2 116平方千米，涉及郑州、开封、洛阳、焦作、新乡、濮阳6个省辖市，是河南省较为集中连片的贫困地区。黄河滩区嫩滩主要为行洪区，依据黄河滩区居民迁建规划，迁建范围嫩滩内现有房屋建筑面积61.75万平方米，其中长垣县1.84万平方米、中牟县2.66万平方米、祥符区2.32万平方米、原阳县23.84万平方米、封丘县5.20万平方米、

范县17.88万平方米、台前县2.37万平方米、濮阳县5.64万平方米。

迁建范围外嫩滩中有房屋建筑面积39万平方米，其中荥阳市0.83万平方米、武陟县3.67万平方米、温县1.59万平方米、孟州市0.94万平方米、孟津县1.13万平方米、龙亭区4.98万平方米、兰考县1.51万平方米、吉利区0.18万平方米、惠济区23.34万平方米、巩义市0.82万平方米。

7.2　对策建议

7.2.1　提高林草覆盖完整性和连通性

总体上严格控制沿黄区域林草覆盖减少现象的发生，从严约束原生林草覆盖地表向其他用地转换。提高沿黄区域林草覆盖地表的连片程度和连通程度；下游地区应重点利用现存生态资源进行生态重建，加强对农业生态资源及湿地、保护区、河流水系等重要生态资源的保护和生态提升，开展生态整治，逐步恢复区域生态连通性，尽可能维持区域生态用地空间和功能上的联系，为沿黄绿色生态廊道建设奠定良好的生态空间基础。

7.2.2　因地制宜改造利用荒漠与裸露地，降低其生态脆弱性和敏感性

加大伏牛山、太行山等低山丘陵区集中分布的石质荒漠与裸露地生态保护力度，加强地表利用状况动态监测与管理。对于泥土质荒漠与裸露地，通过还林还草还水措施，逐步提高生态环境质量。对于黄河大堤内的沙质荒漠与裸露地，应着重识别其生态建设的适宜性，统筹布局生态恢复工程，完善区域生态服务功能，合理发展生态产业，兼顾提高生态效益和经济效益。

7.2.3　以边界框定集中建设规模，引导紧凑集约发展，实现城市紧凑布局、精明增长

城区的发展不仅注重空间规模的扩大，更重要的是重视城市土地利用节约化和经济效率的提高。城市空间发展的主体方向应该与该区域经济联系的主方向一致，避免城区无序外延，尽量保证城市郊区化过程中的整体协调与平衡。推动"规—建—管"一体化，提升开发边界内土地利用效率，限制开发边界外的建设用地增长，鼓励边界外低效建设用地有序腾退，腾退后的用地指标用于开发边界内建设用地布局。

7.2.4　及时恢复黄河沿岸露天采掘场生态功能，提高生态环境监测和生态风险管控能力

各级政府应高度重视露天采掘场的生态恢复治理工作，可根据露天采掘场地开采类型及其带来的生态环境问题（如土地损毁、植被破坏、水土流失等），采取针对性治理方案和措施予以解决。对于干流沿岸缓冲区的露天采掘场应及时采取措施加以治理；对于地处偏远、位置分散、数量众多、监管难度大的露天采掘场，应尽快运用遥感网、传感网等技术形成大范围、高精度的露天采掘场监测能力，及时监测掌握变化状况，健全应对机制。

7.2.5　加强对河南省沿黄区域嫩滩范围内房屋建筑的排查清除，推进土地复垦

对于迁建范围内嫩滩房屋建筑，建议由迁建办会同河务管理等部门，按区域所涉乡镇予以排查，落实的及时组织力量拆除原住房，进行土地复垦整理。对于非迁建区嫩滩范围内房屋建筑，建议由河务管理部门排查落实，并会同扶贫、规划、发改等部门，研究区域所涉乡镇范围内居民迁建问题，制定迁建规划，逐步搬迁，并同步推进拆旧与土地复垦整理。

参考文献

陈建华，2021-3-16. 建设黄河流域生态保护和高质量发展先行区[N]. 中国环境报，（003）.

陈琼，张镱锂，刘峰贵，等，2020. 黄河流域河源区土地利用变化及其影响研究综述[J]. 资源科学，42（3）：446-459.

陈闻君，徐阳，张旭东，2021. 黄河流域城市经济关联与空间溢出实证研究[J]. 人民黄河，1-6. [2021-04-02]. http：//kns. cnki. net/kcms/detail/41. 1128. tv. 20210324. 1126. 002. html.

陈怡平，傅伯杰，2021-3-2. 黄河流域不同区段生态保护与治理的关键问题[N]. 中国科学报，（007）.

崔盼盼，赵媛，夏四友，等，2020. 黄河流域生态环境与高质量发展测度及时空耦合特征[J]. 经济地理，40（5）：49-57.

邓伟强，2021-3-11. 加大对黄河流域林业生态建设支持力度[N]. 山西日报，（004）.

樊杰，王亚飞，王怡轩，2020. 基于地理单元的区域高质量发展研究——兼论黄河流域同长江流域发展的条件差异及重点[J]. 经济地理，40（1）：1-11.

房平，马云，申杰，等，2021. 延河流域水生态环境存在问题及对策[J]. 人民黄河，1-4. [2021-04-02]. http：//kns. cnki. net/kcms/detail/41. 1128. TV. 20210324. 1301. 006. html.

郭付友，佟连军，仇方道，等，2021. 黄河流域生态经济走廊绿色发展时空分异特征与影响因素识别[J]. 地理学报，76（3）：726-739.

郭晓佳，周荣，李京忠，等，2021. 黄河流域农业资源环境效率时空演化特征及影响因素[J]. 生态与农村环境学报，37（3）：332-340.

郭永平，2021. 乡土资源、文化赋值与黄河流域高质量发展[J]. 山西大学学报（哲学社会科学版），44（2）：41-48.

郭羽羽，李思悦，刘睿，等，2021. 黄河流域多时空尺度土地利用与水质的关系[J]. 湖泊科学，1-12. [2021-04-02]. http：//kns. cnki. net/kcms/detail/32. 1331. P. 20210225. 1758. 006. html.

金凤君，2019. 黄河流域生态保护与高质量发展的协调推进策略[J]. 改革（11）：33-39.

金凤君，马丽，许堞，2020. 黄河流域产业发展对生态环境的胁迫诊断与优化路径识别[J]. 资源科学，42（1）：127-136.

李海波，2020. 探索引领黄河流域生态保护和高质量发展的新路子[J]. 科技中国（1）：53-56.

李小建，文玉钊，李元征，等，2020. 黄河流域高质量发展：人地协调与空间协调[J]. 经济地理，40（4）：1-10.

林永然，张万里，2021. 协同治理：黄河流域生态保护的实践路径[J]. 区域经济评论（2）：154-160.

刘昌明，2019. 对黄河流域生态保护和高质量发展的几点认识[J]. 人民黄河，41（10）：158.

刘丽娜，魏杰，马云霞，等，2021. 基于时空变化的黄河流域河南段生态环境评价研究[J]. 环境科学与管理，46（2）：169-173.

卢硕，张文忠，李佳洺，2020. 资源禀赋视角下环境规制对黄河流域资源型城市产业转型的影响[J]. 中国科学院院刊，35（1）：73-85.

马海涛，徐楦钫，2020. 黄河流域城市群高质量发展评估与空间格局分异[J]. 经济地理，40（4）：11-18.

马柱国，符淙斌，周天军，等，2020. 黄河流域气候与水文变化的现状及思考[J]. 中国科学院院刊，35（1）：52-60.

牛磊，2014. 基于遥感技术的森林碳汇估算模型的研究[D]. 泰安：山东农业大学.

任保平，杜宇翔，2021. 黄河中游地区生态保护和高质量发展战略研究[J]. 人民黄河，43（2）：1-5.

任海军，路志梅，2021. 黄河流域农业面源污染与农业全要素生产率关系研究——基于耦合和嵌套的视角[J]. 开发研究（1）：91-97.

任苇，2021. 黄河流域生态保护和高质量发展战略解读及顶层设计思考[J]. 西北水电（1）：18-21.

宋洁，2021. 黄河流域人口—经济—环境系统耦合协调度的评价[J]. 统计与决策，37（4）：185-188.

王金南，2020. 黄河流域生态保护和高质量发展战略思考[J]. 环境保护，48（1）：17-21.

徐辉，师诺，武玲玲，等，2020. 黄河流域高质量发展水平测度及其时空演变[J]. 资源科学，42（1）：115-126.

徐勇，王传胜，2020. 黄河流域生态保护和高质量发展：框架、路径与对策[J]. 中国科学院院刊，35（7）：875-883.

严燕儿，2009. 基于遥感模型和地面观测的河口湿地碳通量研究[D]. 上海：复旦大学.

张佰发，苗长虹，2020. 黄河流域土地利用时空格局演变及驱动力[J]. 资源科学，42（3）：460-473.

张金良，2020. 黄河流域生态保护和高质量发展水战略思考[J]. 人民黄河，42（4）：1-6.

张金良，陈凯，张超，等，2021. 基于熵权的黄河流域生态环境演变特征[J]. 中国环境科学，1-9. [2021-04-02]. https://doi.org/10.19674/j.cnki.issn1000-6923.20210331.013.

张旺，刘波，2021. 构建黄河流域生态保护和高质量发展推动平台的思考和建议[J]. 水利发展研究，21（2）：20-23.

赵锋，杨涛，2021. 黄河流域生态环境与经济协调发展的时空演化分析[J]. 石河子大学学报（哲学社会科学版），35（1）：63-70.

赵建吉，刘岩，朱亚坤，等，2020. 黄河流域新型城镇化与生态环境耦合的时空格局及影响因素[J]. 资源科学，42（1）：159-171.

郑子彦，吕美霞，马柱国，2020. 黄河源区气候水文和植被覆盖变化及面临问题的对策建议[J]. 中国科学院院刊，35（1）：61-72.

宗鑫，2021. 黄河重要水源涵养区跨区域协同保护与补偿基础问题探析[J]. 北方民族大学学报（2）：57-64.

左其亭，2019. 黄河流域生态保护和高质量发展研究框架[J]. 人民黄河，41（11）：1-6.